2
特别版

高质量用户体验
恰到好处的设计 与 敏捷UX实践

[美] 雷克斯·哈特森（Rex Hartson）
帕尔达·派拉（Pardha Pyla）　－著　周子衿－译

清华大学出版社
北京

内 容 简 介

本书兼顾深度和广度，涵盖了用户体验过程所涉及的知识体系及其应用范围（比如过程、设计架构、术语与设计准则），通过7部分33章，展现了用户体验领域的全景，旨在帮助读者学会识别、理解和设计出高水平的用户体验。本书强调设计，注重实用性，以丰富的案例全面深入地介绍了UX实践过程。

本书广泛适用于UX从业人员：UX设计师、内容策略师、信息架构师、平面设计师、Web设计师、可用性工程师、移动设备应用设计师、可用性分析师、人因工程师、认知心理学家、COSMIC心理学家、培训师、技术作家、文档专家、营销人员和项目经理。本书以敏捷UX生命周期过程为导向，也可以帮助非UX人员了解UX设计，是软件工程师、程序员、系统分析师以及软件质量保证专家的理想读物。

图书在版编目(CIP)数据

高质量用户体验：第2版：特别版：恰到好处的设计与敏捷UX实践 / （美）雷克斯·哈特森（Rex Hartson），（美）帕尔达·派拉（Pardha Pyla）著；周子衿译. —北京：清华大学出版社，2023.2

书名原文：The UX Book: Agile UX Design for a Quality User Experience, 2nd edition

ISBN 978-7-302-60688-8

Ⅰ.①高… Ⅱ.①雷… ②帕… ③周… Ⅲ.①人机界面—程序设计 Ⅳ.①TP311.1

中国版本图书馆CIP数据核字(2022)第087921号

责任编辑：文开琪
封面设计：李 坤
责任校对：周剑云
责任印制：沈 露
出版发行：清华大学出版社
    网 址：http://www.tup.com.cn, http://www.wqbook.com
    地 址：北京清华大学学研大厦A座   邮 编：100084
    社 总 机：010-83470000   邮 购：010-62786544
    投稿与读者服务：010-62776969, c-service@tup.tsinghua.edu.cn
    质量反馈：010-62772015, zhiliang@tup.tsinghua.edu.cn
印 装 者：小森印刷霸州有限公司
经 销：全国新华书店
开 本：185mm×230mm   印 张：54.75   字 数：1156千字
版 次：2023年2月第1版   印 次：2023年2月第1次印刷
定 价：256.00元(全4册)

产品编号：094314-01

北京市版权局著作权合同登记号 图字：01-2022-0599

注　意

　　本书涉及领域的知识和实践标准在不断变化。新的研究和经验拓展我们的理解，因此须对研究方法、专业实践或医疗方法作出调整。从业者和研究人员必须始终依靠自身经验和知识来评估和使用本书中提到的所有信息、方法、化合物或本书中描述的实验。在使用这些信息或方法时，他们应注意自身和他人的安全，包括注意他们负有专业责任的当事人的安全。在法律允许的最大范围内，爱思唯尔、译文的原文作者、原文编辑及原文内容提供者均不对因产品责任、疏忽或其他人身或财产伤害及/或损失承担责任，亦不对由于使用或操作文中提到的方法、产品、说明或思想而导致的人身或财产伤害及/或损失承担责任。

“别慌！”

译注：原文为“Don’ t panic”，出自道格拉斯·亚当斯的《银河系漫游指南》：“在银河外东沿区更加悠闲处世的许多文明世界里，《银河系漫游指南》已经取代了《大银河系百科全书》的地位，成为所有知识和智慧的标准储藏库，因为尽管此书冗余颇多，且收纳了为数不少的杜撰篇章（至少也是缺乏实据的谬误猜想），但在两个重要的方面胜过了那部历史更悠久、内容更无趣的著作。”马斯克成功发射的猎鹰重型火箭搭载了一辆特斯拉，其中控台上有这句话。《银河系漫游指南》对马斯克有很大的启发，他说：“这本书让我领会到一点，真正的难点在于，想清楚如何提出问题。一旦找准问题，剩下的就很容易解决了。由此，我得出的结论是，我们应该努力扩大人类意识的深度和广度，以便提出更好的问题。事实上，唯一有意义的事就是努力提高全人类的智慧。”中文也有类似的智慧表达“何事慌张”。

前言

欢迎阅读第 2 版。我们认为,最好先让大家知道,"UX"是用户体验的简称 (User eXperience)。简单地说,用户体验是用户在使用前、使用中和使用后所感受到的,通常综合了可用性 (usability)、有用性 (usefulness)、情感影响 (emotional impact) 和意义性 (meaningfulness)。

本书目标

理解什么是良好的用户体验以及如何实现它。本书的主要目标很简单:帮助读者学会识别、理解和设计高质量用户体验 (UX)。有时,高质量的用户体验就像一盏明灯:当它发挥效用时,没有人会注意到它。有时,用户体验真的很好,会被注意到甚至被欣赏,会留下愉快的回忆。或者有时,糟糕的用户体验所带来的影响会持续存在于用户的脑海中,挥之不去。所以,在本书的开头,我们要讨论什么是积极正向的高质量的用户体验。

强调设计。高质量用户体验的定义容易理解,但如何设计却不太容易理解。也许本书这一版最显著的变化是我们强调了设计——一种突出设计师创作技巧和洞察力的设计,体现技术与美学和用户意义如何合成。本书第Ⅲ部分展示多种设计方法,以帮助大家为自己的项目找到正确的方法。

给出操作方法。本书大部分内容都设计成操作手册和现场指南,作为渴望成为 UX 专业人士的学生和渴望变得更优秀的专业人士的教科书。该方法注重实用,而不是形式化或理论化的。我们参考了一些相关科学,但通常是为实践提供背景,因而不一定会详细说明。

读者的其他目标。除了帮助读者学习 UX 和 UX 设计的主要目标,读者体验的其他目标包括确保做到以下几点。

- 让大家对 UX 设计有浓厚的兴趣。
- 书中包含的内容很容易学习。
- 书中包含的内容很容易应用。
- 书中包含的内容同时适用于学生和专业人士。
- 对于广大读者,这种阅读体验至少有那么一点趣味性。

全面覆盖 UX 设计。我们的覆盖范围具有以下目标。

- 理解的深度：关于 UX 过程不同方面的详细信息 (就像有一个专家陪伴着读者)。
- 理解的广度：若篇幅允许，就尽可能全面。
- 广泛的应用范围：过程、设计基础结构、词汇，还包括各种准则。它们不仅适用于 GUI 和 Web，还适用于各种交互方式和设备，包括 ATM、冰箱、路标、普适计算、嵌入式计算和日常物品及服务。

可用性仍然很重要

对可用性 (usability) 的研究是高质量用户体验的关键组成部分，它仍然是人机交互这个广泛的多学科领域的重要组成部分。它着眼于版主用户超越技术，只专注于完成事情。换言之，就是要让技术为人类赋能，去完成更多的事情，并且在这个过程中尽可能地透明。

但用户体验不仅仅局限于可用性

随着交互设计这一学科的发展和成熟，越来越多的技术公司开始接受可用性工程的原则，投资于先进的可用性实验室和人员来“做可用性”。随着这些努力越来越能确保产品具有一定程度的可用性，进而使这一领域的竞争更加公平，出现了一些新的因素来区分竞争性产品设计。

我们将看到，除了传统的可用性属性，用户体验还包括社会和文化、对价值敏感的设计以及情感影响——如何使交互体验包括“使用的乐趣”(joy of use)、趣味 (fun)、美学 (aesthetics) 以及在用户生活中的意义性 (meaningfulness)。

重点仍然在于为人而设计，而不是技术。所以，“以用户为中心的设计”仍然是一个很好的描述。但是，现在它被扩展到在更新和更广泛的维度上了解用户。

一种实用方法

本书采取一种实用的 (practical)、应用的 (applied)、动手做的 (hands-on)方法，应用成熟和新兴的最佳实践、原则以及经过验证的方法，来确保交付高质量的用户体验。我们的方法注重实践，借鉴设计探索和设想的创造性概念，做出吸引用户情感的设计，同时朝着轻量级、快速和敏捷的过程发展——在资源允许的情况下把事情做好，而且在这个过程中不浪费时间和其他资源。

实用的 UX 方法

本书第 1 版针对每个 UX 生命周期活动描述了大部分严格的方法和技术，更快速的方法则讲得比较分散。如果需要严格方法来开发复杂领域的大规模系统，UX 设计师仍然可以在本书中找到他们需要的内容。但新版进行了修订来体现这样的事实——敏捷方法在 UX 实践中已经发挥了更大的作用。我们将以实用性为中心来兼顾严格和正式，我们的过程、方法和技术从实用的角度对严格和速度进行了妥协，它们适合所有项目中的大部分活动。

从工程方向到设计方向

长期以来，HCI 实践的重点是工程，从可用性工程和人因工程中激发灵感。本书第 1 版主要反映这种方法。在新版中，我们从聚焦于工程转向更侧重于设计。在以工程为中心的视角下，我们从约束开始，并尝试设计一些适合这些约束的东西。现在，在以设计为中心的理念下，我们设想一种理想的体验，然后尝试突破技术的限制来实现它，进而实现我们的愿景。

面向的读者

本书适合任何参与或希望进一步了解如何使产品具有高质量的用户体验的人。一类重要的读者是学生和教师。另一类重要的目标读者包括 UX 从业人员：UX 专家或其他在项目环境中承担 UX 专家角色的人。专家的观点与学生的观点非常相似，即两者都有学习的目标，只不过环境略有不同，动机和期望也可能不同。

我们的读者群体包括所有种类的 UX 专家：UX 设计师、内容策略师、信息架构师、平面设计师、Web 设计师、可用性工程师、移动设备应用设计师、可用性分析师、人因工程师、认知心理学家、COSMIC 心理学家、培训师、技术作家、文档专家、营销人员和项目经理。这些领域中的任何一类读者都会发现本书在实践方法上的价值，可以主要关注具体如何做。

与 UX 专家一起工作的软件人员也能从本书中受益，包括软件工程师、程序员、系统分析师、软件质量保证专家等。如果是需要按要求做一些 UX 设计的软件工程师，也会发现本书很容易阅读和应用，因为 UX 设计生命周期的概念与软件工程中的概念是类似的。

自第 1 版以来发生了哪些变化

有时，着手写第 2 版时，最终基本上是在重新写一本新书。本版就是这种情况。自第 1 版以来，发生了很多变化，包括我们自己对这个过程的理解和经验。这里要引用波特很久以前说的话："这部关于自行车运动的健康、乐趣、优势和实践的作品，其大部分内容基于作者以前同一个主题的著作，并主要基于他在 1890 年出版的同名书籍。但自作品问世以来，发生的变化大到以至于新版并不只是简单的修订，而是完全重写，推陈出新，删除过时的部分，增加许多新的和重要的内容。(Porter, 1895)"

新的内容和重点

第 2 版引入了一些新的主题和内容排列方式，具体如下。

- 加强了对设计的关注。许多面向过程的章节都强调了设计、设计思想和生成性设计。我们甚至稍微改了改书名来反映这一重点 (高质量用户体验与敏捷 UX 设计)。
- 用新的方式讲述过程、方法和技术。前几章建立与过程相关的术语和概念，为后面的章节的讨论提供相关的背景。
- 整本书以敏捷 UX 生命周期过程为导向，以更好匹配作为当前事实上的标准的敏捷软件工程方法。我们还引入了一个模型 (敏捷 UX 漏斗模型) 来解释 UX 在各种开发环境中的作用。
- 商业产品视角和企业系统视角。这两种截然不同的 UX 设计环境现在得到明确的认可并被区别对待。

更精炼的文字

第 1 版有读者反馈是希望我们的文字更精炼。因此，为了使第 2 版更容易阅读，我们尝试了通过消除重复和冗长的文字来使其更加简洁明了。看过本书后，大家会发现我们完美解决了这个问题。

本书不涉及哪些内容

本书并不是针对人机交互领域进行的调查，也不是针对用户体验进行的调查。它也不是着眼于人机交互的研究。虽然这本书很广很全面，但我们不可能涉及所有 HCI 或 UX 的内容。如果你最喜欢的主题并未包含在内，我们表示歉意，因为我们必须在某处划定界限。此外，许多额外的主题本身就相当广泛，以至于本身就可以 (而且大多数都能) 独立成书。

本书不涉及以下主题：

- 无障碍访问、特殊需要和美国残疾人法案 (ADA)
- 国际化和文化差异
- 标准
- 人体工程学的健康问题，如重复性压力伤害
- 特定的 HCI 应用领域，如社会挑战、医疗保健系统、帮助系统、培训以及为老年人或其他特殊用户群体设计等
- 特殊的交互领域，比如虚拟环境或三维交互
- 计算机支持的协同工作 (CSCW)
- 社交媒体
- 个人信息管理 (PIM)
- 可持续性 (原本计划包括，但篇幅实在有限)
- 总结性 UX 评估研究

关于练习

一个名为 "售票机系统" (Ticket Kiosk System，TKS) 的虚构系统被用作 UX 设计的例子，来说明过程所有相关章节的材料。在这个运行实例中，我们描述了可供模仿以构建自己的设计的活动。练习是本书学习过程中重要的组成部分。在基于 TKS 进行动手练习方面，本书有些像活动用书。在每个主题之后，可以立即应用新学到的知识，通过积极参其应用来学习实用技术。本书的组织和编写是为了支持主动学习 (边做边学)，而且大家也应该这样使用。

练习要求中等程度的参与，介于正文中的例子和完整的项目作业之间。

按顺序进行。每章都建立在之前的过程相关章节基础上，并为整个拼图添加了一个新的部分。每个练习都基于在你在前几个阶段学到和完成的，这和真实世界的项目一样。

如果可以，请以团队的形式进行练习。优秀的 UX 设计几乎总是团队协作的成果。至少和另外一个感兴趣的人一起完成练习，这可以大大增强你对内容的理解和学习。事实上，许多练习是为小团队(例如三到五人)设计的，涉及多个角色。

团队协作有助于你理解在创造和完善 UX 设计时发生的各种沟通、交互和协商。如果可以一名负责软件架构和实现的软件开发人员(至少可以出一个工作原型)来调剂经验，显然可以促成许多重要的沟通。

学生在课堂上应以团队的形式做练习。如果是学生，做练习最好的方式是以团队为基础的课堂练习。这些练习很容易改为在课堂上作为一套持续的、为期一学期的交互式课堂活动使用，以理解需求、设计方案、候选设计的原型和 UX 评估。教师可观察和评论团队的进展，也可与其他团队分享你们的"经验教训"。

UX 专家应在获得许可的前提下在工作中做这些练习。如果是 UX 专家或渴望通过在职学习成为 UX 专家，请尝试在常规工作中学习这些素材，最好的方式是参加一个集中的短期课程，其中要有团队练习和项目。我们以前教过这样的短期课程。

另外，如果工作小组中有一个小型 UX 团队(也可能是预期要在真实项目中一起工作的团队)，且工作环境允许，就可以留出一些时间(例如每周五下午两个小时)来进行团队练习。为证明这样做的额外开销是合理的，可能要说服项目经理相信这样做有价值。

个人仍然可以做练习。不要因为没有团队就不做。试着找到至少一个能和你一起工作的人。实在不行的话，就自己做。虽然让自己跳过练习很容易，但我们还是要敦促你，只要时间允许，每个练习就尽可能去做。

申请相关学习资源，
请扫码添加阅读小助手

团队项目

学生。除了结合书中练习的小规模系列课内活动外，我们还提供了具有完整细节和需要更多参与的团队项目。我们认为，对于采用本书作为教材或教参的课程，为期一个学期的团队项目是"边学边做"的重要部分。这些团队项目一直是课程中要求最高同时也最有价值的学习活动。

在这个为期一个学期的团队项目中，我们使用了来自社区的真实客户，某个需要设计某种交互式软件应用程序的本地公司、商店或组织。客户可以得到一些免费的咨询，甚至(有时)得到一个系统原型。作为交换，对方要成为项目的客户。本书教参中有一套团队项目任务的样本，可向出版商申请。

UX 专家。为了开始在真实工作环境中应用这些材料，你和你的同事可选择一个低风险但真实的项目。你的团队可能已经熟悉，甚至对我们描述的一些活动有经验，甚至可能已经在你的开发环境中做了其中的一些。通过使它们成为更完整、更理性的开发生命周期的一部分，你可以将自己所知道的与书中介绍的新概念结合起来。

致谢

首先，我 (RH) 感谢我的妻子 Rieky Keeris。写作本书时，她为我提供了一个快乐的环境，并给了我莫大的鼓励。

我 (PP) 要感谢我的父母、我的兄弟 Hari 和我的嫂子 Devaki，感谢他们的爱和鼓励。在我写这本书的过程中，他们容忍了我长期缺席家庭活动。我还必须感谢我的哥哥，他是我最好的朋友，在我的一生中不断地给予我支持。

我们很高兴向 Debby Hix 表示感谢，感谢她总是尽心尽职地和同事们展开沟通。也感谢弗吉尼亚理工大学与 Roger Ehrich、Bob 和 Bev Williges、Manuel A. Pʹerez-Quiñones、Ed Fox、John Kelso、Sean Arthur、Mary Beth Rosson 和 Joe Gabbard 长期以来的专业联系和友谊。

还要感谢卡内基梅隆大学的 Brad Myers，一开始他就很支持这本书。

特别感谢弗吉尼亚理工大学工业设计系的 Akshay Sharma 允许我们拍摄他们的创意工作室和工作环境，包括工作中的学生和他们制作的草图和原型。最后，感谢 Akshay 提供了许多照片和草图并允许我们用在设计章节中作为插图。

感谢 Jim Foley、Dennis Wixon 和 Ben Shneiderman 的积极影响，我们与他们的私交可以追溯到几十年前，并且超越了工作关系。

感谢审稿人和编辑的勤奋和专业精神，他们提出的宝贵建议帮助我们把书写得更好了。

我 (RH) 将永远感谢 Phil Gray 和格拉斯哥大学计算科学系的人员对我的热情欢迎，他们在 1989 年接待并使我有一段精彩的休假时光。特别感谢格拉斯哥大学心理学系的 Steve Draper，他在那里为我提供了一个舒适而温馨的住处。

非常感谢 Kim Gausepohl，他在将 UX 融入现实世界的敏捷软件环境方面起到了传声筒的作用。还要感谢我们的老朋友 Mathew Mathai 和弗吉尼亚理工大学 IT 部门的网络基础设施和服务团队的其他人。Mathew 使我们能进入现实世界中的敏捷开发环境，我们从中学到了不少宝贵的经验。

特别感谢 Ame Wongsa 多年来针对设计的本质、信息架构和 UX 实践所进行的许多有见地的谈话，此处还为我们提供了国家公园露营应用实例的线框图。也要感谢 Christina Janczak 为我们提供了这个例子的情绪板和其他视觉设计以及本书英文版封面的设计。

最后，感谢 Morgan Kaufmann 出版社的 Nate McFadden 以及其他所有人的支持。与他们的合作非常愉快。

简明目录

详细目录

UX 评估

第 V 部分讲述如何通过其原型来评估 UX 设计，从而探索备选设计并完善选定的候选设计。我们全面讨论了 UX 评估方法和技术，并将重点放在用于发现和解决设计中的 UX 问题的评估 (formative evaluation) 方法上。各章详细阐述了评估准备、实证数据收集、分析数据收集、评估数据分析和结果报告。

第 21 章

UX 评估方法和技术

本章重点

- UX 评估数据的类型:
  - 定量与定性数据
  - 客观与主观数据
- 形成性与总结性评估
- 非正式 / 正式总结性评估与工程 UX 评估
- 分析与实证 UX 评估方法
- UX 评估方法的严格性与快速性
- 快速 UX 评估方法
- UX 评估数据收集技术
- 专门的 UX 评估方法和技术
- UX 评估目标和约束决定了方法的选择

21.1 导言

21.1.1 当前位置

在每章的开头,都会以"当前位置"(You Are Here)为题,介绍本章在"UX轮"(The Wheel)这个总体 UX 设计生命周期模板背景下的主题(图 21.1)。本章是"评估 UX"生命周期活动的首章,介绍各种 UX 评估方法和技术。

本章将介绍 UX 评估方法和技术、相关术语、方法和技术之间的区别、各自的优势以及如何根据评估目标选择 UX 评估方法和技术。每种方法和技术的详细使用方法将在第 24 章和第 25 章介绍 UX 评估数据收集时讨论。

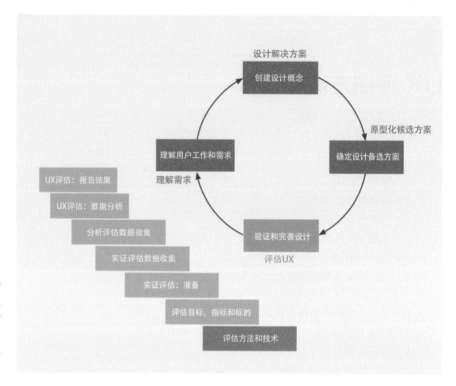

图 21.1
当前位置：总体 UX 生命周期过程的"评估 UX"生命周期活动的第一章，介绍 UX 评估方法和技术。整个轮对应的是总体的生命周期过程

21.1.2   方法和技术

方法和技术的概念是在第 2 章建立的。在此，我们刻意要在 UX 评估的背景下对它们进行回顾和解释。

根据我们的实践，方法和技术之间的区别没有明确的定义，主要区别在于级别或层次。评估方法是进行 UX 评估的高层级总体方法，而技术通常体现为执行某一种方法中特定、具体的步骤。

例如，和用户一起进行"基于实验室的实证测试"(lab-based empirical testing with users) 是一种评估方法。

在这个方法中，用于收集 UX 问题数据的一个技术是"关键事件识别"(critical incident identification)。如果不太明白这些术语，请不必担心，因为我们很快就会讲到它们。

本章要介绍一些精选的 UX 评估方法和技术，先让大家熟悉一下各种可能性。

基于实验室的 UX 评估 lab-based UX evaluation
一种实证 UX 评估方法，要求观察用户参与者在 UX 实验室环境中执行任务的过程。采用了关键事件识别和出声思考 (think-aloud) 等技术进行定性 (有时是定量) 数据收集 (21.2.4.1 节)。

21.1.3　用户测试？显然不是

你知道"用户测试"是什么意思，但它其实并不是一个真正准确的术语。没有用户喜欢被测试，所以这种说法听起来很荒谬。用户是帮助我们对 UX 设计的可用性或用户体验进行测试或评估的参与者，但我们不是在测试用户。

传统上，心理学和人因研究将"主体"称为在其他人观察和度量下执行任务的人。在 UX 中，我们希望邀请这些志愿者加入我们的团队，并帮助我们评估设计。由于我们希望他们参与，所以使用术语"参与者"或"用户参与者"而不是"主体"。

21.1.4　UX 评估数据的类型

UX 评估数据可以客观或主观，也可以定量或定性。实际上，这两个维度是正交的，所以客观和主观数据既可以定性，也可以定量。例如，问卷结果 (24.3.2 节) 通常既是主观的又是定量的。

1. 定量和定性数据

定量数据 (quantitative data) 是数值数据，通常来自测量，用于评估成就水平 (level of achievement)。在形成性评估中最常收集的两种定量数据是使用基准任务来度量的客观用户表现 (objective user performance) 数据和使用问卷调查来度量的主观用户意见 (subjective user opinion) 数据。定量数据是非正式总结性评估组件的基础，有助于团队评估 UX 成就并监控到 UX 标的的收敛 (convergence toward UX targets)，通常与 UX 标的所设定的级别 (specified levels set in the UX target) 进行比较 (第 22 章)。

定性数据 (qualitative data) 是用于查找和修复 UX 问题的非数值描述性数据。来自 UX 评估的定性数据通常是对 UX 问题或在使用过程中观察到或遇到的问题的描述。定性数据是识别 UX 问题及其原因的关键，一般通过关键事件识别、出声思考技术和 UX 检查方法收集。

2. 客观与主观数据

客观 UX 数据是直接观察到的数据。客观数据 (objective data) 来自 UX 评估人员或参与者的观察。客观数据总是与实证方法相关联。

客观 UX 评估数据
objective UX evaluation data

通过直接实证观察获得的定性或定量数据，通常是关于用户表现的数据 (21.1.4.2 节)。

正式总结性评估
formal summative evaluation

一种正式的、统计上严格的总结性 (定量) 实证 UX 评估，可产生具有统计意义的结果 (21.1.5.1 节)。

关键事件
critical incident

在用户任务执行或其他用户交互期间发生的、表明可能存在 UX 问题的事件。关键事件识别是一种实证 UX 评估数据收集技术，它基于参与者和／或评估人员以关键事件的检测和分析，可以说是最重要的定性数据收集技术 (24.2.1 节)。

出声思考技术
think-aloud
technique

一种定性的实证数据收集技术，参与者口头表达对交互体验的想法，包括他们的动机、理由和对 UX 问题的看法。在识别 UX 问题的时候特别有用 (24.2.3 节)。

检查
inspection(UX)

一种分析评估方法，UX 专家通过观察或尝试来评估交互设计，有时会在一套抽象的设计准则的背景下进行。评估人员既是参与者的代理人 (participant surrogates)，也是观察者，他们会思考什么会对用户造成问题，并就预测的 UX 问题给出专业意见 (25.4 节)。

分析 UX 评估
analytic UX evaluation

一种评估方法，检查设计的固有属性而不是检查设计的实际使用情况 (21.2.2 节)。

主观 UX 数据代表意见、判断和其他反馈。主观数据 (subjective data) 来自 UX 评估人员或参与者关于用户体验和设计满意度的意见。分析 UX 评估方法 (第 25 章) 只产生定性的主观数据 (基于 UX 检查人员专业意见的 UX 问题识别)。问卷调查 (24.3.2 节) 产生定量和主观数据 (基于用户意见的数值量表 [numeric scales] 数据)。

21.1.5　形成性评估与总结性评估

形成性评估 (formative evaluation) 和总结性评估 (summative evaluation) 之间的区别基于一种历史悠久的二分法。

- 形成性 UX 评估是使用定性数据收集的诊断性 UX 评估，其目的是形成设计，即发现和修复 UX 问题，从而完善设计。
- 总结性 UX 评估被定义为目的是对一个 UX 设计的成功进行总结或评定的一种 UX 评估。

有一个十分可爱而又形象的方式可以用来体现两者的差异："厨师尝一口汤，这是形成性的；客人尝一口汤，这是总结性的"。(Stake, 2004, p. 17)

我们所知道的对"形成性评估"和"总结性评估"这两个术语最早的引用源于 Scriven(1967) 的教育和课程评估。或许更广为人知的是 Dick and Carey(1978) 在教学设计领域的后续用法。Williges(1984) 和 Carroll、Singley and Rosson(1992) 是最早在 HCI(人机交互) 上下文中使用这些术语的人之一。

形成性评估主要侧重于诊断 (diagnostic) 的，目的是在设计中识别和修复 UX 问题及其原因。总结性评估主要是评级或打分 (rating or scoring)；它关于的是收集定量数据以评估设计的质量水平。

1. 正式总结性评估

总结性 UX 评估 (summative UX evaluation) 包括正式和非正式的方法。正式总结性 (定量)UX 评估方法是一种实证方法，可产生具有统计意义的结果。之所以使用"正式"这一术语，是因为该过程在统计上是严格的。

在科学中，没有什么可以替代正式的总结性研究、推论统计 (inferential statistics) 和具有统计意义的结果来发现科学和研究问题答案的"真相"。但是，我们在 UX 评估中所做的大部分工作更多的是关于工程而非科学。其中，获取"真相"更注重实际而不太关注精确。在许多方面，工程 (engineering) 基于预感和直觉的判断，而预感和直觉又基于技能和经验。

正式总结性评估 (formal summative evaluation) 基于受控的比较假设检

测 (comparative hypothesis testing) 的一个实验性设计，使用具有 y 个自变量的 $m \times n$ 因子设计，其结果经统计学测试以确定显着性水平 (指零假设为真时拒绝零假设的概率或风险)。这需要特殊的培训和技能，所以如果你搞不定，就不要轻易承诺进行总结性评估。另外，进行恰当的总结性评估既昂贵又耗时。总之，正式总结性评估是一项重要的 HCI 研究技能，但在我们看来，它不是 UX 实践的一部分。

　　作为设计更改的一个例子，来考虑一个特定的按钮标签。如果从可用性方面衡量，更改它或许并不会变得更好。但是，如果整个团队都同意旧的按钮标签含糊不清且令人困惑，而新按钮标签清晰易懂，团队就可能要考虑进行设计更改。

　　对正式总结性评估的全面讲述超出了本书范围。28.2 节将要进一步讲述我们为什么不将正式总结性评估视为 UX 实践的一部分。

2. 非正式总结性评估

　　非正式总结性 UX 评估方法是一种定量的总结性 UX 评估方法，在统计上不严格，不会产生统计上显着的结果。非正式总结性评估用于支持形成性评估，作为一种工程技术来帮助评估你在可用性和 UX 上做得有多好。

　　非正式总结性评估 (informal summative evaluation) 是在没有实验控制 (experimental controls) 的情况下完成的，用户参与者数量较少，而且只有汇总的描述性统计数据 (例如平均值)。每次迭代完一个产品版本，非正式总结性评估可用作一种验收测试 (acceptance test)，以便和我们的 UX 标的 (第 22 章) 进行比较，帮助确保我们通过产品设计满足了 UX 目标和业务目标。

　　表 21.1 展示了正式和非正式总结性 UX 评估方法之间的差异。

表 21.1　正式和非正式总结性 UX 评估方法的区别

正式总结性 UX 评估	非正式总结性 UX 评估
科学	工程
随机选择的主体 / 参与者	故意非随机地选择参与者以获得最形成性的信息
关注有足够大的样本量 (主体数量)	故意使用相对较少的参与者
使用严格而强大的统计技术	故意使用简单的、不那么强大的统计技术 (例如，简单的平均值，有时还使用标准差)
结果可用于在科学意义上为"真相"定论	结果不是用于下定论，而是用于进行工程判断
执行起来相对昂贵且耗时	相对便宜且执行速度快
对方法和程序有严格限制	凡是创新和能适应的方法和程序都能接受

续表

正式总结性 UX 评估	非正式总结性 UX 评估
倾向于得出关于非常具体的科学问题的"真相"(非 A 即 B)	可回答一系列更广泛的问题，了解已达成的 UX 水平，以及对进一步改进的需求
不在 UX 设计过程中使用	在 UX 设计过程中使用以支持形成性方法 (formative methods)

3. 工程 UX 评估：形成性与非正式总结性的结合

作为一种工程方法，UX 评估可包括形成性评估 (formative evaluation) 和可选的非正式总结性 (informal summative) 组件 (图 21.2)。其中，总结性部分不能用来证明任何事情，但它是 UX 设计过程的宝贵指南。设计审查、启发式方法和其他 UX 检查方法等评估方法都是纯粹的形成性评估方法 (无总结性组件) 的好例子。

诸如与用户参与者一起进行测试的实证方法也可能限于一个形成性评估组件。尤其是在早期阶段，当我们定义和改进设计，而且尚未关注绩效指标的时候。

实证 UX 评估 empirical UX evaluation

一系列 UX 评估方法的统称，它基于从真实用户参与者的表现中观察到的数据和直接来自用户参与者的数据 (21.2.1 节)。

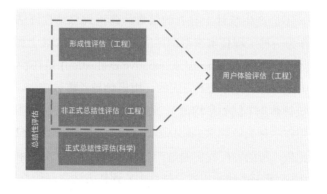

图 21.2
工程 UX 评估是形成性评估和非正式总结性评估的一种结合

21.1.6　我们的面向目标的方式

在我们的方式中，UX 评估目标决定了实现目标所需的方法和技术选择。但在此之前，先让我们来界定一些术语。

21.2　UX 评估方法

对于形成性 UX 评估，可选择实证或分析 UX 评估方法 (Hartson, Andre, & Williges, 2003)。

21.2.1　实证 UX 评估方法

根据定义，**实证方法** (empirical method) 依赖于在真实用户参与者的表现中观察到的数据以及直接来自用户参与者的数据。这些数据包括在实证评估中观察到的关键事件数据，以及用户在"出声思考"和 / 或他们的问卷调查回复中的评论。

实证方法可在 UX 实验室环境、会议桌或现场进行。实证测试可从同一度量工具中产生定量和定性数据，例如涉及用户任务表现的数据。

UX 实验室是或多或少受控的一个环境，这在限制干扰方面是一个优势，但在现场的真实工作环境中进行测试，能保证真实的任务情况，从而确保生态的有效性。

21.2.2　分析 UX 评估方法

分析方法 (analytic method) 基于检查设计的固有属性，而不是检查使用中的设计。除了数值评级和类似数据，分析方法还产生定性的主观数据。虽然分析 UX 评估方法 (第 25 章) 可以严格应用且相应地变慢，但它们已被开发为更快、更便宜的方法，用于生成实证结果的近似值或预测值。

分析方法包括设计审查、设计演练和检查方法，例如启发式评估 (heuristic evaluation，HE)。

21.2.3　比较

实证方法有时被称为"回报方法"(Carroll et al., 1992; Scriven, 1967)，因其基于设计或设计更改在实际的、可观察的使用中有什么回报。分析方法有时被称为"内在方法"，因其基于对设计的内在特征进行分析。

实践中的一些方法是分析和实证的混合。例如，专家 UX 检查可能涉及"模拟实证"方面，其中专家扮演用户角色，同时执行任务和"观察"UX 问题。

在描述回报和内在评估方法的区别时，有一个引用最多的类比 (Carroll et al., 1992; Gray & Salzman, 1998, p. 215)，其中提到了一把斧头 (Scriven, 1967, p. 53)："如果想要进行工具评估，比如一把斧头，你可能会研究刃的设计、重量分布、使用的钢合金、手柄木材的等级等。又或者，你可能只会研究高手使用斧头来砍削材料的方式和速度。"这两种情况分别对应的

出声思考技术
think-aloud technique

一种定性的实证数据收集技术，参与者口头表达对交互体验的想法，包括他们的动机、理由和对 UX 问题的看法。在识别 UX 问题时特别有用 (24.2.3 节)。

度量工具
measuring instrument

为特定的 UX 度量生成值的工具，通过它来度量要评估的 UX 特征的值。例子包括基准任务和调查问卷 (22.6 节和 22.7 节)。

生态有效性
ecological validity

你的 UX 评估环境与用户实际工作环境相匹配的程度。它关于的是设计或评估有多准确地反映交互生态的相关特征，即它在世界或环境中的背景 (16.3 节, 22.6.4.4 节)。

主观 UX 评估数据
subjective UX evaluation data

基于评估人员或用户的意见或判断的数据 (21.1.4.2 节)。

是内在评估和回报评估。在 Hartson et al. (2003) 中，我们添加了自己的一些补充说明，这里要稍微解释一下。

虽然这个例子很好地达到了目的，但它也使我们有机会声明为什么有必要在建立评估标准之前仔细确定 UX 目标 (UX goal)。从 UX 的角度来看斧头的例子，我们注意到回报评估中，用户表现观察并不一定需要一名好的斧手。UX 目标 (进而是我们的评估目标) 取决于关键工作角色预期的用户类别和预期的使用类型。

例如，在专家手中能提供最佳表现的斧头设计对于新手用户来说可能太危险了。对于没有经验的用户来说，安全是比用斧头高效砍柴更重要的一个 UX 目标。换言之，即使牺牲一些效率，也要更安全的设计。

21.2.4　一些具体的实证 UX 评估方法

1. 基于实验室的评估

基于实验室的 UX 评估 (Lab-based UX evaluation) 是一种实证 UX 评估方法，要求观察用户参与者在 UX 实验室环境中执行任务的过程。它采用了关键事件识别 (critical incident identification) 和出声思考 (think-aloud) 等技术进行定性 (有时是定量) 数据收集。

基于实验室的实证 UX 评估依赖于对执行代表性任务的用户参与者进行观察。从中获得的定性数据可帮助我们确定要修复的 UX 问题。而定量数据 (如果收集的话) 则可以帮助我们评估用户在使用给定的设计时表现得有多好。

第 22 章讨论定量的基于实验室的评估目标 (goal)、指标 (metric) 和标的 (target)。第 23 章讨论如何准备实证设计。第 24 章则讨论实证评估数据收集的方法和技术。

2. RITE

RITE 是 Rapid Iterative Test and Evaluation 的简称，即 "快速迭代测试和评估" (Medlock, Wixon, McGee, & Welsh, 2005; Medlock, Wixon, Terrano, Romero, & Fulton, 2002)，是一种基于用户的快速 UX 评估方法，旨在以低成本摘取最容易获取的果子，是最好的快速实证评估方法之一。使用 RITE 进行快速迭代的关键是一旦发现问题就立即修复。这种对定性评估结果和问题修复的快速周转使 RITE 成为最灵活的实证方法之一。生成问题报告时，整个团队一直都在，所以他们一直都知道情况，而且会一直沉浸在过程之中。RITE 的详情请参见 24.6.1 节。

3. 准实证评估

准实证 UX 评估 (quasiempirical UX evaluation) 方法是当 UX 专家通过捷径开发自己的方法时出现的混合方法，详情将在 24.5.2 节解释。

21.2.5　UX 评估方法的弱点

1. 用户体验的可度量性：实证定量方面的问题

对可用性或 UX 等属性的定量评估意味着某种度量。但你能度量可用性或用户体验吗？虽然答案可能令人惊讶，但可用性和用户体验都无法直接度量。事实上，大多数你关心的现象，例如教与学，都存在相同的困难。所以，我们诉诸于度量我们能够度量的事物，并将这些度量用作我们更抽象和更难以度量的概念的指标。例如，可通过度量可观察的基于用户表现的指标 (例如完成任务的时间和用户在执行任务中遇到的错误数) 来了解可用性影响，例如生产力或易用性。

问卷调查也能提供一些用户满意度指标，这要求用户回答我们认为与其感知到的表现和满意度密切相关的问题。类似地，满意度、使用的快乐等情感影响因素也无法直接衡量，只能通过间接指标来衡量。

2. UX 评估方法的可靠性：定性方面的问题

简单地说，UX 评估方法的可靠性意味着可重复性，这是实证和分析方法都存在的问题 (Hartson et al., 2003)。这意味着，如果你对几个不同的用户参与者 (针对实证方法) 或几个不同的 UX 检查人员 (针对分析方法) 使用同一个形成性评估方法，那么不会每次都得到相同的 UX 问题清单。事实上，差异可能相当大。我们必须忍受不完美的可靠性。有关 UX 评估可靠性的更多信息，请参阅 28.3 节。

好消息是，即使是低可靠性的 UX 评估方法和技术，都仍然十分有效，也就是说，这些方法仍然可以找出需修复的 UX 问题，而且通常能找出最重要的问题 (Hartson et al., 2003)。低可靠性并不总是一个严重的缺点。在 UX 实践中，形成性评估的每一次迭代，大部分都是聚焦于以最低的成本尽可能多地了解设计，然后继续前进。

准实证 UX 评估
quasiempirical UX
evaluation

当 UX 专家通过捷径开发自己的方法时获得的一种混合方法。它们是实证的，因其要通过参与者或参与者的代理 (participant surrogates) 收集数据。但又是"准"或"拟"(quasi) 的，因其在过程和协议方面是非正式和灵活的，UX 评估人员可发挥重要的分析作用 (24.5.2 节)。

所以，虽然拥有完美的可靠性会很好，但作为一个现实问题，如方法有效，过程就有效。每次进行形成性评估，都会得到一些 UX 问题清单。评估方法越严谨，清单就越完整和准确。解决所有这些问题并再次进行形成性评估，将获得另一个清单 (余下的 UX 问题)。最终，可以找出并修复大部分 UX 问题，尤其那些重要的问题。不断接近理想状态，这正是工程的宗旨。

21.2.6　一些特定的分析 UX 评估方法

1. 早期设计审查和设计演练

早期设计审查 (design review) 和设计演练 (design walkthrough) 是指 UX 团队演示自己的设计，以便从团队成员和其他利益相关方 (包括用户和客户组织中的人员) 获得早期反应和反馈。我们将它们归类为分析方法，因其基于对设计如何工作的描述，而非基于用户的实际使用情况。

最早的演示可能会使用情景和故事板来评估生态视图或概念设计，并用屏幕草图进行任务级评估，此时没有可供交互的东西。这些媒介将迅速演化为点击式线框原型。你 (UX 团队) 必须自己进行"驱动"(driving) 来演示交互和导航；用户角色中的任何人此时都还无法参与真正的交互。

领导者 (leader) 带领团队演示设计所支持的关键工作流程模式。在生命周期过程的早期漏斗部分，这将涉及概述、流程模型和概念设计。在漏斗后期部分，这将主要集中在一次一个特性的交互设计上 (专注于一个小的任务集)。当团队跟随不同的情景，系统地查看设计的各个部分，并讨论优劣和潜在问题时，领导者讲述关于用户和使用情况、用户意图和行动以及预期结果的故事。

2. 专家 UX 检查

专家 UX 检查 (expert UX inspection) 是一种快速的分析评估方法。专业 UX 检查人员根据他们的专业经验和对 UX 设计指导原则的熟悉，对设计进行深入检查以发现 UX 问题。他们还经常扮演用户角色并执行关键任务，通过对实际使用情况的模拟来发现问题。

虽然 UX 检查人员 (UX inspector) 可能是 UX 方面的专家，但他 / 她可能并不是目标系统或相关工作领域的专家。在这些情况下，UX 检查人员可利用这种不熟悉来为新手用户发现问题。另外，UX 检查人员也可以和行业专家 (SME) 合作。

设计审查
design review

一种比设计演练更全面的 UX 评估技术，通常利用点击式 (click-through) 线框原型来演示工作流程和导航。通常是后期漏斗快速迭代中任务级 UX 设计的主要评估方法 (25.2.2 节)。

设计演练
design walkthrough

获得对设计概念的初步反应的一种非正式技术，通常仅使用情景、故事板、屏幕草图和 / 或一些线框。没有真正的交互能力，所以 UX 设计师必须自己"驱动"(25.2.1 节)。

线框原型
wireframe prototype

由线框组成的原型，是 UX 设计 (尤其是屏幕交互设计) 的线条画 (line-drawing) 形式 (20.4 节)。

3. 启发式评估 (HE)

启发式评估 (heuristic evaluation，HE) 方法 (Nielsen, 1992; Nielsen & Molich, 1990) 是最著名和最受欢迎的检查方法。采用 HE 方法，检查人员由根据经验得出的大约 20 个"启发"——或者说良好 UX 设计规则的一个列表——进行指导。团队中的 UX 专家会进行专家 UX 检查，了解每个规则在设计中被遵守得有多好。HE 方法具有成本低廉、直观且方便从业者实施的优点，尤其适合在 UX 过程的早期使用。

21.3　UX 评估方法和技术的严格性与快速性

方法严格性和快速性 (3.2.7 节) 之间的关系是多方面的，如下所示。

- 不管应用什么方法，快速性与可实现的严格性之间存在一个平衡。
- 所有方法都可以跨越一定范围的严格性 (进而快速性)。
- 我们的目标并非一定是高严格性。
- 人们发明了一些方法来强调快速而非严格。

21.3.1　快速性和可实现的严格性之间存在平衡

一般来说，应用较严格的评估方法 (或任何方法) 可以获得更完整和更准确的结果，但会花费更多时间，成本也会增大。类似地，通过走捷径，一般都能提高速度并降低几乎所有 UX 评估方法的成本，但代价是降低了严格性。有关快速性与严格性更多的讨论，请参见 3.2.7 节。

21.3.2　所有方法都跨越了一定范围的严格性和速度

每种 UX 评估方法都有自己的潜在严格性范围。例如，可以以高度严格的方式执行基于实验室的实证方法，通过避免走捷径和保留所有数据，最大限度地提高有效性并最大限度地降低出错风险。

不需要很高的严格性时，也可快速执行基于实验室的实证评估，而且有许多捷径可走。通过将评估数据筛选和抽象到最重要的点，可以获得效率 (更高的速度和更低的成本)。

类似地，分析方法可以用较低的严格性快速执行，也可通过高的严格性执行，注意数据的来源、完整性和纯度。

检查
inspection(UX)

一种分析评估方法，UX 专家通过观察或尝试来评估交互设计，有时会在一套抽象的设计准则的背景下进行。评估人员既是参与者的代理人 (participant surrogates)，也是观察者，他们会思考什么会对用户造成问题，并就预测的 UX 问题给出专业意见 (25.4 节)。

行业专家
subject matter expert，SME

对某一特定工作领域和该领域内的各种工作实践有深刻理解的人 (7.4.4.1 节)

启发式评估
heuristic evaluation，HE

一种基于专家 UX 检查的分析评估方法，由一组启发 (常规的高级 UX 设计规则) 进行指导 (25.5 节)。

21.3.3   目标并非一定是高严格性

在许多设计情况下，例如事情正在迅速变化的早期项目阶段，严格性不是优先事项。更重要的是敏捷迭代和快速学习。

21.3.4   有的方法天生就侧重于快速而非严格

并非所有方法都涵盖相同范围的潜在严格性，所以可选择满足自己对严格性需求的一种。虽然肯定不完美，但以高严格性执行的那些实证 UX 评估方法长期以来一直被认为是方法有效性的比较标准。

其他一些 UX 评估方法，包括分析方法 (第 25 章)，被人们专门发明用来替代完全严格的实证方法。它们更快，且更具成本效益。分析方法被设计成一种快捷方法，用于逼近真正重要的东西，即可以通过实证 (empirically) 发现的 UX 问题。

所以，UX 评估方法的严格性可以用下面两种方式来看。

- 任何方法在实际应用时的严格性。
- 方法本身固有的严格性范围。

由于设计审查、演练和 UX 检查可以快速执行，所以它们是后期漏斗中的任务级评估的常见选择。还有一些天生就为快速而设计的实证方法，包括 RITE 和准实证方法。

21.4   UX 评估数据收集技术

21.4.1   定量数据收集技术

1. 客观数据：用户绩效指标

一些定量数据收集技术要用到在与用户参与者进行实证 UX 测试期间收集到的用户表现度量。用户执行基准任务，UX 评估人员则采集客观的指标，例如完成任务的时间。

2. 主观数据：用户问卷

其他定量数据收集技术使用问卷或用户调查来收集有关用户如何看待设计的主观数据 (24.3.2 节)。问卷调查可单独作为一种评估方法使用，也可通过直接来自用户的主观数据补充你的客观 UX 评估数据。问卷调查对于分析师和参与者来说都好用，而且有或没有实验室都可使用。问卷有助于评估用户体验的特定方面，包括感知的可用性、有用性和情感影响。

3. 警告：修改问卷会损害其有效性

问卷的有效性是更注重总结性研究的一个统计学特征。现成的问卷通常经过仔细创建和测试以确保统计学上的有效性。有许多已经开发和验证好的问卷可用于评估可用性、有用性和情感影响。

然而，如果你希望或需要修改现成的问卷以满足特定需求，请不要担心修改现有的、已经过验证的问卷会影响其有效性；在 UX 实践中，我们很少担心问卷的有效性问题。

对于本书讲的大多数内容，我们都鼓励你即兴发挥和改编，其中包括调查问卷。但是，你必须知道任何修改，尤其是由不擅长制作问卷的人进行的修改，都可能会破坏问卷的有效性。修改越多，风险越大。和问卷验证相关的方法和问题超出了本书的范围。

由于存在这种有效性风险，自制问卷和未经验证的问卷修改不允许用于总结性评估，但经常可在形成性评估时使用。这不是说你就可以马虎；我们只是说，如果负责任地做出了合理的修改，就不必花大功夫去验证。

21.4.2　定性数据收集技术

定性数据收集技术用于捕获数据以识别 UX 问题。下面描述的关键事件识别、出声思考和共同发现均是最流行的定性数据收集技术。

1. 关键事件识别

关键事件识别 (critical incident identification) 是一种定性 UX 数据收集技术，要求 UX 团队观察执行任务的用户参与者，并检测"关键事件"或用户遇到 UX 问题的情况。

如此识别到的问题会在 UX 设计中追溯其原因，并放到一个后续迭代待修复列表中 (26.4.9 节)。

2. 用户出声思考技术

出声思考 (think-aloud) 技术通常与关键事件识别一起应用，是在用户任务执行期间发现 UX 问题的另一种方法。采用这种技术，要鼓励用户在执行任务和尝试 UX 设计时口头表达其想法，从而暴露出 UX 问题否则可

参与者
participant

参与者，或称用户参与者，是帮助评估 UX 设计的"可用性"和"用户体验"的用户、潜在用户或用户代理人 (surrogate)。这些人在我们观察和度量时执行任务并提供反馈。由于我们希望邀请这些志愿者加入团队，帮我们评估设计 (换言之，我们希望他们参与进来)，所以我们使用"参与者"一词来代替"主体"(subject)(21.1.3 节)。

基准任务
benchmark task

描述了参与者在 UX 评估期间要执行的任务，旨在获得任务时间和错误率等 UX 度量值，并将其与多个参与者的表现基线值进行比较 (22.6 节)。

有用性
usefulness

用户体验的一个组成部分，基于实用性 (utility)。有用性强调系统的功能，它为你赋予了使用系统或产品实现工作 (或游戏) 目标的能力 (1.4.3 节)。

能会被遗漏的定性数据。出声思考技术可能是所有 UX 评估技术中最有用的，因为可通过它准确了解用户在使用时的心态。

3. 共同发现

可在团队方法中使用两名或更多参与者来使用出声思考技术 (O'Malley, Draper, & Riley, 1984)，Kennedy(1989) 将这种方法称为 "共同发现" (24.2.3.3 节)。多名参与者有时会自然而然与另一个人交谈 (Wildman, 1995)，从而获得多个角度的数据。

21.5　专门的 UX 评估方法

除了前几节的 "标准"UX 评估方法和技术，还有许多专门的方法和技术。这里简单描述一些。

21.5.1　alpha 测试和 beta 测试和现场调查

alpha 测试和 beta 测试是有用的部署后 (post-deployment) 评估方法。在几乎所有开发都完成后，软件供应商有时会向选定的用户、专家、客户和专业评测人员发送应用程序软件的 alpha 和 beta(预发布) 版本作为一种预览。作为提前预览的交换，用户要试用并提供体验反馈。 除了诸如 "告诉我们你认为哪些地方好，哪些地方坏，以及需要修复的内容、你希望看到的其他功能等" 之外，通常很少或根本没有对这一评测过程提供指导。

产品的 alpha 版本是较早的、不太完善的版本，通常拥有更小、更受信任的 "受众"。beta 版本则比较接近最终产品，并被发送到更大的社区。大多数公司都维护着一个 beta 试用邮件列表，其中包含早期采用者和专家用户社区。其中，大多数人都确定对公司及其产品友好，而且已知他们的意见较有帮助。

alpha 测试和 beta 测试是获取高层次 (high-level) 反馈简单且廉价的方法，它们基于实际使用情况。但是，alpha 测试和 beta 测试几乎没有资格作为形成性评估，原因如下。

- 无法获得跟主流形成性评估过程一样详细的 UX 问题数据。
- 如发现问题，对设计进行重大更改通常为时已晚。

不同的开发组织和环境所进行的 alpha 测试和 beta 测试也有所不同。对具体如何进行 alpha 测试和 beta 测试的完整描述超出了本书的范围。

与 alpha 测试和 beta 测试一样，用户现场调查 (field survey) 信息是可追溯的。虽然能很好地获知用户满意度，但并不能捕捉到使用体验中的使用细节。

不管怎样，有总比没有好。但是，请不要让这些"事后诸葛亮"成为产品生命周期唯一使用的形成性评估方法。

21.5.2　远程 UX 评估

远程 UX 评估方法 (Dray & Siegel, 2004; Hartson & Castillo, 1998) 适合对已部署到现场的系统的评估。具体方法如下。

- 通过互联网模拟基于实验室的 UX 测试 (例如 TechSmith 的 UserVue)。
- 在线调查以获得事后反馈 (after-the-fact feedback)。
- 用于获取点击流 (clickstream) 和使用事件信息的软件工具。
- 用于捕获用户对 UX 问题的自陈式报告的软件插件。

最后一种方法 (Hartson & Castillo, 1998) 使用了用户对正常使用期间发现的 UX 问题的自陈 (self-reporting)，这使你能获得使用体验中那些容易快速变化 (易腐) 的细节。这尤其方便捕获日常使用中发现的问题。设计改进的最佳反馈一如既往是来自"体验中的探究"的反馈 (Carter, 2007)，也就是使用的同时所给出的形成性数据，而不是来自事后回忆起来的数据。

21.5.3　自动化 UX 评估

基于实验室和 UX 检查方法是劳动密集型的，所以范围有限 (仅少量用户使用大型系统的一小部分)。

但是，拥有大量用户的大型复杂系统可提供大量使用数据。想象一下观察正在使用 Microsoft Word 的成千上万个用户。人们设计了一些自动方法来利用这个无限的数据池，从中收集和分析使用数据，同时无需 UX 专家处理每个单独的操作。有的时候，会将产品的多个版本发布给不同的用户组，然后比较结果数据以确定哪个版本更好。这种类型的评估通常称为 A-B 测试，其中 A 和 B 代表设计的两种变体。

结果是关于击键、点击流和暂停 / 空闲时间的大量数据。但是，所有数据都处于用户操作的低级别，没有关于任务、用户意图、认知过程等的任何信息。没有直接的迹象表明在用户行动数据洪流 (torrent of user action data) 的某个地方遇到了 UX 问题。在大型软件应用程序中，基于点击次数和低级用户导航进行重新设计，很可能导致从较低的层次对高层次设计本来就不佳的系统进行"优化"。关于具体如何进行自动化可用性评估的全面描述超出了本书的范围。

21.6　调整和挪用 UX 评估方法和技术

选择适合自己的目标和约束的"标准"UX 评估方法和技术还不够。经常需要根据团队和项目的细微差别来剪裁和调整方法和技术，直到挪用它们，使其适合自己的每种不同设计情况。2.5 节详细讨论了在选择方法和技术时的这一方面的问题。

对于 UX 评估，和大多数 UX 工作一样，我们的座右铭和古老的军事目标一样：即兴发挥、适应和取得成功！灵活定制自己的方法和技术，创建变种以适应评估目标和需求，其中涉及省略一些步骤，添加一些步骤，以及更改步骤的细节对任何方法进行调整。

实证 UX 评估：UX 目标、指标和标的

本章重点

- UX 目标、指标和标的概念
- UX 标的表：
  - 工作角色和用户类别
  - UX 目标
  - UX 度量
  - 度量工具
  - UX 指标
  - 级别设置
- 实用技巧和注意事项
- 快速目标、指标和标的

22.1 导言

22.1.1 当前位置

在每章的开头，都会以"当前位置"(You Are Here) 为题，介绍本章在"UX 轮"(The Wheel) 这个总体 UX 设计生命周期模板背景下的主题 (图 22.1)。本章为用户体验制定目标，以评估设计的成功程度，方便你了解何时可以进行下一次迭代。

UX 目标 (goal)、指标 (metric) 和标的 (target) 有助于构建支持评估计划的支架，以成功揭示用户绩效和情感满意度方面的问题。UX 目标、指标和标的作为评估准备的一部分要尽早设定，可通过它们指导从分析到评估的大部分过程。

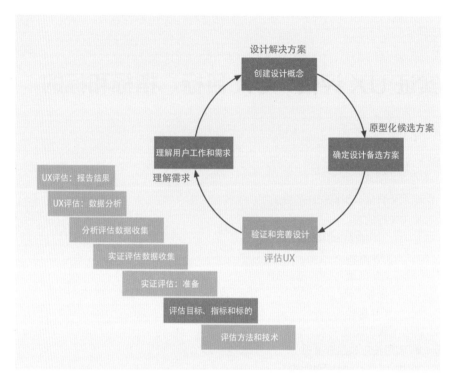

图 22.1
当前位置：在总体 UX 生命周期过程的"评估 UX"生命周期活动中设定 UX 评估目标、指标和标的。整个轮对应的是总体的生命周期过程

22.1.2   UX 指标和标的的项目场景

在早期阶段，评估通常侧重于发现 UX 问题的定性数据。在这些早期评估中，由于缺乏定量数据，因此无法使用 UX 指标和标的 (metric and target)。但是，如打算在后期的评估中使用，那么随时都可以开始建立它们。

不过，完全放弃 UX 指标和标的也不是不行。在大多数现实环境中，指定 UX 指标和标的并跟进相应的严格评估可能过于昂贵。只有少数拥有大量既定 UX 资源的组织才能达到这样的完整性水平。许多项目只需要一轮评估。另外，作为设计师，我们可以查看第一轮评估的结果以了解设计的哪些部分需要进一步调查。在这些情况下，定量的 UX 指标和标的可能没什么用，但基准任务作为驱动评估的载体仍然有用。

无论如何，UX 领域的趋势正在从关注定量用户性能指标转向对可用性、用户满意度和愉悦度的快速定性评估。虽然如此，为了本书内容的完整性，我们在后面的 UX 评估章中还是全面讲述了 UX 目标、指标和标的，以及定量数据收集和分析。这是因为一些读者和从业人员仍然希望或需要了解这些主题。

我们发现人们之所以经常不指定 UX 目标、指标和标的，要么是由于缺乏知识，要么是由于时间不够。而这有时可能是不幸的，因为本可利用在 UX 评估上投入的资源完成更多的工作。本章可以帮助你避开这一陷阱。

幸好，经过一些练习，创建 UX 指标和标的并不会花费太多时间。然后，你就有具体的量化 UX 目标来进行测试，而不是只能在将用户置于 UX 设计面前时，干巴巴地等着看会发生什么。由于 UX 指标和标的 (metric and target)* 为形成性评估工作提供了可行的目标 (objective)，所以结果可以帮助你确定最有利可图的重新设计重点。

最后，UX 目标、指标和标的通过定义一个可量化的终点来帮助管理生命周期。没有这个终点，看起来就会像是无休止的迭代。当然，设计师和经理在满足 UX 标的 (UX target) 的需求之前可能会耗尽时间、金钱和耐心 (有时一轮评估就已经受不了了)。但是，至少了解了情况。

28.7 节将进一步讨论 UX 指标和标的的历史根源。

22.2　UX 标的表

通过多年和现实世界的 UX 专家合作，同时进行我们自己的用户体验评估，我们基于 Whiteside et al.(1988) 提出的可用性规格表 (usability specification table) 原始概念，提炼出了 UX 标的表 (UX target table) 的概念，如表 22.1 所示。显然，用电子表格来实现这种表格是非常方便的。

为方便说明，我们说表的每一行都是一个 "UX 标的" (UX target)。第一列是该 UX 标的适用的工作角色和相关用户类别。接着两列是相关的 UX 目标 (UX goal) 和相关的 UX 度量 (UX measure)。这些之所以都在一起，是因为每个 UX 度量都旨在支持一个 UX 目标，并且是根据工作角色和用户类别的组合来指定的。稍后会讲述从何处获取这三列的信息。

下面，我们将逐渐为新的售票机系统 (TKS) 设置一些 UX 标的 (UX targets)，以演示 UX 标的表中每一列的用法。

* 译注

本书同时用到了 target 和 goal。以打靶为例，两者的区别在于，要打的靶子是一个 target，想要打多少环是一个 goal。不同距离的靶子是不同的 target(本章表格中的每一行)，你要为每种靶设定不同的 goal(在这一行中设定具体的 UX 目标)。为示区别，本书将 target 翻译为"标的"，将 goal 翻译为"目标"。

用户类别
user class

对可担任一个特定工作角色的用户群体的相关特征进行的描述。可在用户类别描述中包括人口统计 (demographics)、技能、知识、经验和特殊要求 (例如因身体限制而产生的特殊要求) 等特征 (9.3.4 节)。

表 22.1　UX 标的表，从 Whiteside, Bennett and Holtzblatt(1988) 的可用性规格表演变而来

工作角色：用户类别	UX 目标	UX 度量	度量工具	UX 指标	基线级别	标的级别	观察到的结果

22.3　工作角色和用户类别

由于 UX 标的 (target) 针对的是特定工作角色，所以我们按工作角色标记每个 UX 标的。记住，用户模型中的不同工作角色执行的是不同的任务集。

所以，给定工作角色的关键任务集将具有相关的使用场景或其他任务序列表示，这为我们创建的基准任务描述提供了信息。基准任务描述是作为与 UX 标的相匹配的度量工具而创建的。在给定工作角色中，我们通常期望不同的用户类别执行不同的标准，即不同的标的级别 (target level)。

示例：TKS 的工作角色和用户类别

对于 TKS，让我们首先关注购票者的用户工作角色。如前所述，工作角色的用户类别定义可以基于专业水平、残疾和限制以及其他人口统计学特征。就这种工作角色来说，用户类别可能包括米德尔堡的临时居民用户和来自米德尔堡学院的学生用户。本例使用临时的居民用户，如表 22.2 所示。

表 22.2　为一个 UX 标的选择工作角色和用户类别

工作角色：用户类别	UX 目标	UX 度量	度量工具	UX 指标	基线级别	标的级别	观察到的结果
购票者：临时的新用户，临时性个人使用							

22.4　UX 目标

UX 目标 (UX goal) 是 UX 设计的高级目标 (high-level objective)，以 UX 标的 (UX target) 的形式表述。UX 目标可由业务目标 (business goal) 驱动，反映产品的实际使用情况，并确定对组织、其客户和用户来说重要的是什么。它们被表示为用户在使用所设计的特性时体验到的预期效果，并转化为一组要在评估中确定的 UX 度量指标 (UX measure)。

可从在工作活动笔记、流程模型、社会模型和工作目标中捕获到的用户担忧中提取 UX 目标，其中一些是市场驱动的，反映产品的竞争性需求。可针对特定工作角色或用户类别中的所有用户陈述 UX 目标，也可针对一个特定的任务类别来陈述 UX 目标。

UX 目标的例子包括所有用户的易用性、间歇性用户的易记性、为专业人士提供的强大性能、安全性要求高的系统是否能避免错误、高客户满意度、新用户是否容易上手和学习……等。

工作活动笔记
work activity note

简明扼要和基本 (仅和一个概念、想法、事实或主题相关) 的一个陈述，记录从原始使用研究数据中合成的有关工作实践的一个点 (8.1.2 节)。

示例：TKS 的用户体验目标

可根据我们的使用研究数据为购票者定义主要的高级 UX 目标。

- 快速轻松的上手使用用户体验，完全无需用户培训。
- 快速学习，新用户的表现 (在有限的经验之后) 与有经验的用户的表现相当。
- 客户满意度高，回头率高。

其他一些可能性：

- 更高级的任务具有高的可学习性。
- 诱惑，参与，吸引。
- 正确完成交易的错误率低，尤其是在支付交互中。

"易学易用、轻松上手的用户体验"这一目标可轻松录入 UX 标的表中的"UX 目标"列，如表 22.3 所示。该目标是指典型的临时用户第一次尝试至少能完成基本任务的能力，自然无需培训或手册。

表 22.3 为 UX 标的设定 UX 目标

工作角色：用户类别	UX 目标	UX 度量	度量工具	UX 指标	基线级别	标的级别	观察到的结果
购票者：临时的新用户，临时性个人使用	快速上手						

练习 22.1：为系统确定 UX 评估目标

目标：练习陈述 UX 目标。

活动：在选择的系统的社会模型中检查工作活动亲和图 (WAAD) 和用户担忧，注意和 UX 目标相关的用户或客户担忧。

交付物：为你选择的系统的一个用户类别制作简短的 UX 目标列表。

时间安排：半小时足矣 (现在应该很容易了)。

22.5 UX 度量

在一个 UX 标的 (本章表格的一行) 中，UX 度量 (UX measure) 是针对你的 UX 设计的使用情况进行度量的常规用户体验特征 (general user experience characteristic)。UX 度量的选择暗示了要选择哪些类型的度量工具和 UX 指标。

UX 标的基于定量数据，同时包括客观数据 (如可观察的用户表现) 和主观数据 (如用户意见和满意度)。

一些可与定量指标配对的常见 UX 度量如下所示。

- 客观的 UX 度量 (由评估人员直接度量)
  - 初始表现
  - 长期表现 (纵向、有经验、稳定状态)
  - 可学习性
  - 可保留性
  - 高级功能使用
- 主观 UX 度量 (基于用户意见)
  - 第一印象 (初步意见，初步满意)
  - 长期 (纵向) 用户满意度
  - 情感影响
  - 对用户的意义性

初始表现 (initial performance) 是指用户在第一次使用期间 (介于最初几分钟和最初几个小时之间，取决于系统的复杂性) 的表现。初始表现是一个关键的 UX 度量，因为系统的任何用户都必须在某个时间第一次使用它。

长期表现 (long-term performance) 通常是指在更长时间内更持续使用的表现 (可能是几周内相当规律的使用)。长期使用通常意味着用户的一个学习稳定期 (steady-state learning plateau)；用户已熟悉了系统，不再持续处于学习状态。

可学习性 (learnability) 和可保留性 (retainability) 分别指用户学习使用系统的速度和容易程度，以及他们在一段时间内对所学知识的保留程度。

高级功能使用是一种帮助确定系统更复杂功能的用户体验的 UX 度量。用户对系统的初始意见可通过第一印象 UX 度量来捕获，而长期用户满意度是指用户使用系统一段时间后、经过一段时间的学习后的意见。

客观 UX 评估数据
objective UX evaluation data

通过直接实证观察获得的定性或定量数据，通常是关于用户表现的数据 (21.1.4.2 节)。

情感影响
emotional impact

用户体验的情感部分，影响用户的感受。这些情感包括快乐、愉悦、趣味、满意、美学、酷、参与和新颖，而且可能涉及更深层的情感因素，例如自我表达 (self-expression)、自我认同 (self-identity)、对世界做出了贡献以及主人翁的自豪感 (1.4.4 节)。

初始表现和第一印象是适用于几乎所有 UX 设计的 UX 度量。其他 UX 度量通常是为更专门的 UX 需求提供支持。UX 度量之间的冲突是存在的。例如，你可能既需要良好的可学习性，也需要良好的专业表现。在设计中，这些需求可能相互对抗。然而，这只是反映了一种正常的设计权衡。基于两个不同 UX 度量的 UX 目标意味着将对用户表现的要求拉向两个不同的方向，迫使设计人员扩展设计并诚实地面对权衡 (取舍)。

示例：TKS 的 UX 度量

针对我们为临时性的新用户定下的"易学易用、轻松上手"目标，让我们从两个 UX 度量开始：初始表现和第一印象。每个 UX 度量都出现在 UX 标的表的一个单独的 UX 标的中，工作角色和用户类别可以重复 (每一行都是一个标的，所以现在表行变成了两个)，如表 22.4 所示。

表 22.4　选择初始表现和第一印象作为 UX 度量

工作角色：用户类别	UX 目标	UX 度量	度量工具	UX 指标	基线级别	标的级别	观察到的结果
购票者：临时的新用户，临时性个人使用	快速上手	初始用户表现					
购票者：临时的新用户，临时性个人使用	初始用户满意度	第一印象					

22.6　度量工具：基准任务

在一个 UX 标的中，度量工具用于为特定的 UX 度量指标生成值。

虽然可在选择度量工具时发挥创意，但客观度量通常与一个基准任务关联，例如，用秒表计时的任务时间，或通过统计用户错误得出的错误率。主观测量度量则通常与一个用户问卷关联，例如，一组特定问题的平均用户打分。

稍后会看到，在我们的 TKS 系统中，UX 标的表中的客观"初始用户表现"UX 度量与一个基准任务关联，而"第一印象"UX 度量与一个问卷关联。主观和客观度量及其数据对于建立和评估来自一个设计的用户体验都很重要。

主观 UX 评估数据
subjective UX
evaluation data

基于评估人员或用户的意见或判断的数据 (21.1.4.2 节)。

参与者
participant

参与者，或称用户参与者，是帮助评估 UX 设计的"可用性"和"用户体验"的用户、潜在用户或用户代理人 (surrogate)。这些人在我们观察和度量时执行任务并提供反馈。由于我们希望邀请这些志愿者加入团队，帮我们评估设计 (换言之，我们希望他们参与进来)，所以我们使用"参与者"一词来代替"主体"(subject) (21.1.3 节)。

22.6.1　什么是基准任务

作为客观 UX 度量的一种度量工具，基准任务 (benchmark task) 是一项具有代表性的任务，用户参与者要在评估中尝试完成，同时你要观察他们的表现和行为。所以，基准任务是一项"标准化"任务，可用于在不同用户和不同设计版本之间比较表现。

22.6.2　选择基准任务

下面列举了选择基准任务类型的一些指导原则。

1. 用基准任务和 UX 目标解决设计师问题

设计师进行 UX 设计时，问题会不断出现。有时设计团队根本无法自己决定问题，所以将其推迟到 UX 测试 ("让用户决定")。

或者，也许你确实认同某个功能的设计，但非常好奇它在真实用户中的表现。如习惯保留一个列表来记录设计活动期间遇到的此类设计问题，它们现在就能在设置基准任务以获取用户反馈方面发挥重要作用。

2. 为具有代表性的系列用户任务创建基准任务

选择要由系统中工作角色的每个用户类别使用的真实任务。为确保自己在评估上的投入获得最佳的覆盖，你的选择应代表真实任务的横截面 (意思就是要多种多样，要有代表性)，这些任务用户平时要执行得频繁，而且对于用户的目标非常关键。

还可选择基准任务来评估新功能、"边缘情况"以及业务关键或任务关键的任务。虽然其中一些任务可能不经常执行，但一旦出错就会导致严重后果。

3. 从简短而简单的任务开始，逐渐增加难度

大多数时候，最好先从相对简单的任务开始，让用户习惯设计并让他们习惯自己作为评估者的角色。建立用户信心和参与感之后，尤其是完成了"初始表现"UX 度量所需的任务后，可以引入更多功能、更大广度、多样性、复杂性和更高级别的难度。

示例：TKS 的初始基准任务选择

对于我们的售票机系统，可从查找当前正在上映的电影开始。然后搜索将在 20 天后放映的电影并订票，然后执行更复杂的任务，例如购买可以选座和选等级的音乐会门票。

4. 在适当的地方包含导航

在实际使用中，由于用户通常必须导航才能到达他们执行特定任务的位置，所以即使在最早的基准测试任务中，也应考虑包含这种导航需求。可从中了解用户在什么时候需要去别的地方，具体是什么地方，以及如何去那些地方。

5. 避免需要打许多字的情况（除非评估的是打字技能）

避免在基准任务描述中要求用户大量地打字，否则会造成用户表现起伏不定，而这和设计中的用户体验没有什么系。

6. 基准任务要和 UX 度量匹配

显然，如 UX 度量是"初始用户表现"，那么任务就是首次使用系统的用户实际会面临的某个任务。如 UX 度量关于的是高级功能的使用，任务自然应涉及该功能的使用。如 UX 度量是"长期使用"，那么在用户对系统进行了大量练习后才会将相应的基准任务交给他们。对于"可学习性"的一个 UX 度量，一组复杂性不断增加的基准任务可能是合适的。

7. 调整已为设计开发的场景或其他任务序列表示

设计场景 (design scenario) 清楚表示了要评估的重要任务，因其已被选为设计中的关键任务。但是，必须记住删除有关如何执行任务的信息，这种信息在场景中通常很丰富。下一节的"告诉用户要执行什么任务，而不是如何执行"在这方面进行了更多讨论。

8. 使用现实组合中的任务来评估任务流程

为了度量与任务流程相关的用户表现，请使用任务和活动的组合，尤其是经常一起发生的那些。在这些情况下，应该为此类组合设置单独的 UX 标的 (UX target)，因为在执行组合任务期间遇到的与用户体验相关的困难可能与这些任务单独执行时不同。例如，在 TKS 系统中，你可能希望度量用户先搜索再买票这条任务线上的表现。

示例：TKS 的基准任务

例如，一个基准任务可能要求用户为一场音乐会买 4 张总价低于 200 美元的门票，同时又显示未来几天这个价格范围内的门票已售罄。这会迫使用户搜索未来其他时间的音乐会，找到此价格范围有票的第一个可用日期。

9. 选择自己认为或已知设计存在弱点的任务

当然，一般而言，你选择作为度量工具的基准任务应代表真实用户在真实工作环境中要执行的任务。

如果知道可能存在设计问题，却避免测试这些任务，就违反了 UX 目标和用户体验评估的精神，即发现用户体验的问题以便解决它们，而不是证明你才是最好的设计师。

10. 不要忘记和你的超级用户一起评估

通常，超级用户 (power user) 的用户体验在产品测试中没有得到充分解决 (Karn, Perry, & Krolczyk, 1997)。产品的业务和 UX 目标是否包括训练有素的用户群体的重度使用？是否需要为他们支持任务的快速重复，或支持复杂且可能很冗长的任务？ 他们对生产力的需求是否要求在交互式手持设备上使用快捷方式和直接命令？

如其中任何一项为真，就必须包括与这种熟练且要求高的超级使用相匹配的基准任务。另外，这些基准任务必须在与相应用户类别 (user class) 和 UX 目标 (UX goal) 匹配的 UX 标的 (UX target) 中作为度量工具。

11. 基准任务可从错误状态开始以评估错误恢复

有效的错误恢复是设计人员和评估人员很容易忘记包含的一种"特性"。然而，没有任何 UX 设计能保证永远不出错，而尝试从错误中恢复是大多数用户熟悉并且和他们有关系的一件事情。包容性的设计允许用户相对轻松地从错误中恢复。这种能力绝对是你的设计的一个方面，应通过一个或多个基准任务进行评估。

12. 考虑因部分设备故障以"降级模式"评估某些任务

在军事系统或大型商业银行系统等大型互连网络系统中，尤其是涉及多种硬件的系统中，子系统有时会出现故障。发生这种情况时，你的系统的一部分部分是放弃抵抗并停止工作，还是至少能继续执行部分预期的功能并以"降级模式"(degraded mode) 提供部分服务？ 如果你的应用程序符合此描述，则应包括基准任务来相应地评估用户对此能力的看法。

13. 不要统统都制定基准任务

UX 标的 (UX target) 所驱动的评估只是一个工程抽样过程。不可能为执行所有可能任务的所有可能类别的用户建立 UX 标的。人们常说，交互系统中大约 20% 的任务占了 80% 的使用量,反之亦然。虽然这些数字显然是民间猜测,但它们也有一定的真实性,可在建立 UX 标的时用来指导用户和任务的确定。

示例: TKS 作为度量工具的基准任务

对于 TKS 系统,表 22.4 的第一个 UX 标的(第一行)包含"初始用户表现"这一客观 UX 度量。相应度量工具的一个明显的选择是基准任务。在这里,我们需要的是一个简单且经常使用的任务,临时性的新用户能轻松上手并快速完成。一个适当的基准任务将涉及买票。以下是给用户参与者看的一段可能的描述:

BT1:前往 TKS 买三张 2 月 28 号晚上 7 点的《怪兽卡车》的电影票。三个座位尽可能靠前。用信用卡付款。

表 22.5 将其添加为第一个 UX 标的的度量工具。

假设要为"初始表现"UX 度量添加另一个 UX 标的,但这次想增加一些变化,并用一个不同的基准任务作为度量工具,即购买电影票的任务。表 22.6 在第二个 UX 标的中输入了此基准任务,"第一印象"UX 目标下移一行。

表 22.5 为第一个 UX 标的的"初始表现"UX 度量添加"购买特殊活动门票"基准任务作为一个度量工具

工作角色: 用户类型	UX 目标	UX 度量	度量工具	UX 指标	基线级别	标的级别	观察到的结果
购票者:临时的新用户,临时性个人使用	快速上手	初始用户表现	BT1:购买特殊活动门票				
购票者:临时的新用户,临时性个人使用	初始用户满意度	第一印象					

表 22.6 为第二个"初始表现"UX 度量选择"购买电影票"基准任务作为度量工具

工作角色: 用户类型	UX 目标	UX 度量	度量工具	UX 指标	基线级别	标的级别	观察到的结果
购票者:临时的新用户,临时性个人使用	新用户能快速上手	初始用户表现	BT1:购买特殊活动门票				

续表

工作角色：用户类别	UX 目标	UX 度量	度量工具	UX 指标	基线级别	标的级别	观察到的结果
购票者：临时的新用户，临时性个人使用	新用户能快速上手	初始用户表现	BT2：购买电影票				
购票者：临时的新用户，临时性个人使用	初始用户满意度	第一印象					

22.6.3　打磨基准任务内容

1. 使用清晰、准确、具体和可重复的指示消除任何歧义

除非解决歧义是我们希望用户作为任务一部分要做的事情，否则必须自己保证基准任务描述中的指示清晰明确，不会造成迷惑。把基准任务描述明确了，结果才能保证一致；我们希望用户表现的差异是由于用户的差异或设计的差异造成的，不是由于对同一基准任务的不同理解。

例如，请考虑针对一个跨部门活动调度系统的"初始表现"UX 度量的"添加约会"(add appointment) 基准任务："Schedule a meeting with Dr. Ehrich for a month from today at 10 a.m. in 133 McBryde Hall concerning the HCI research project"。它可以理解成两种意思：

"安排从今天上午 10 点开始在 133 McBryde Hall 与 Ehrich 博士举行一个月的会议，讨论 HCI 研究项目。"

或者：

"安排一个月后的今天从上午 10 点开始在 133 McBryde Hall 与 Ehrich 博士开会，讨论 HCI 研究项目。"

对于某些用户，"a month from today"这种说法是含糊不清的。为什么？例如，它可以表示下个月的同一天才开会，也可以表示从现在起要开一个月的会，正好四周，每周都在同一天进行。如果对描述的理解会对用户的任务表现产生影响，必须更好地措辞以传送预期含义。

基准任务还应该非常具体，使参与者在测试过程中不会因为不相关的细节而分心。例如，如果将"查找活动"(find event) 基准任务简单地描述成"查

找下周某个时间的娱乐活动"，则一些参与者可能将其变成一项冗长且复杂的任务，四处寻找活动类型和日期的"最佳"组合。其他人则可能做最少的事情，采纳他们在屏幕上看到的第一个活动。为了减少这种差异，请具体地描述活动选择标准。

2. 告诉用户要做什么任务，但不要教他们怎么做

这个原则非常重要；基于此任务的评估成功与否取决于它。我们有时发现学生会在早期评估练习中向用户出示一系列任务指示，说明了要执行的一系列步骤。在这种情况下，评估如导致无趣的结果，他们不应感到惊讶。

如果用户从基准任务描述看到这些步骤，他们只会刻板地执行这些步骤。如果想测试 UX 设计是否能帮助用户自己发现如何完成给定的任务，就必须避免提供任何关于如何完成的信息。只需要告诉他们要做什么，让他们自己弄清楚如何做。

示例：TKS 基准任务中的指示性措辞

示例 (可以这样做)："为即将进行的 Iris Dement 音乐会买两张学生票，要尽量靠近舞台并挨在一起，用信用卡支付。"

示例 (不要这样做)："点击主屏幕的 Special Events(特殊活动) 按钮；再选择屏幕底部的 More(更多)。选择 Iris Dement 音乐会，再点击 Seating Options(选座)……"

示例 (不要这样做)："从主菜单开始，转到音乐菜单并将其设置为书签。再返回主菜单并用书签功能跳转回音乐菜单。"

3. 在基准任务中不要使用 UX 设计特有的措施

在基准任务描述中，必须避免使用出现在菜单标题、菜单选项、按钮标签、弹出窗口或 UX 设计本身任何地方的任何措辞。例如，假定 UX 设计中有一个标记为"查找"的按钮，就不要说"查找 (具有某某特征的) 第一个活动"。相反，要使用诸如"寻找……"或"定位……"之类的词。

否则，当用户被告知"查找"什么东西时，他们凭直觉会用标有"查找"的按钮。根本不需要思考，所以也无法评估设计是否能帮助他们在实际使用过程中自己找到正确的按钮。

4. 使用工作背景和以使用为中心的措辞，不要使用面向系统的措辞

由于基准任务描述实际上是对用户任务而不是系统功能的描述，所以应使用来自用户工作背景的、以使用为中心的措辞，而不是以系统为中心的措辞。例如，"查找有关 xyz 的信息"要优于"提交有关 xyz 的查询"。前者面向任务；后者更倾向于从系统的角度看任务。

5. 有明确的计时起点和终点

在你自己的脑海中，要确保对每个基准任务都有清晰的可观察和可区分的起点和终点，并确保在基准任务的文字描述中有效地使用这些端点。例如，这样可确保能准确度量任务时间。

评估期间，不仅评估人员要确定任务何时完成，参与者也必须知道。出于评估的目的，在用户体验结束之前，任务不能被视为已完成。

评估人员也必须知道用户何时知道任务已完成。不要依赖用户说任务已完成，即使你在基准任务描述或用户指示中明确问了这一点。所以，与其以心智或感官状态 (即用户知道或看到某事) 来结束任务执行，不如合并一个确认任务结束的用户操作，如下面的 (可以这样做) 示例所示。

示例：澄清基准任务中的起点和终点

示例 (不要这样做)："判断如何将打印纸的方向设为'横向'。"此任务的完成取决于用户是否本来就了解某些内容 (什么是横向，什么是纵向)，而这不是可直接观察到的状态。相反，可以让用户实际设置纸张方向；这是你能直接观察到的。

示例 (不要这样做)："查看下周的活动。"此任务的完成取决于用户看到的东西，而你可能无法确认该操作。也许，可以让用户查看并大声读出下周第一场音乐会的内容。然后就知道用户是否以及何时看到了正确的活动。

示例 (可以这样做)："查找下周 Rachel Snow 的音乐会并将其添加到购物车。"

示例 (可以这样做)：或者，为了了解用户是否知道或能学会如何选座，"找到离舞台最近的可用座位并添加到购物车。"

示例 (可以这样做)："查找本地明天的天气预报并大声读出来。"

6. 为用户保留一些神秘感

不要总是很具体地说明用户将要看到的内容或者他们将要遇到的各种参数。记住，真正首次使用的用户事先并不知道它具体如何工作。有的时候，可以尝试一下部分参数只有近似值的基础任务，让用户自己去发掘其他的。在评估过程中，如果想避免不同用户以系统的不同状态结束，仍然可以创建一个原型，使这个任务只有一个可能的"解决方案"。

示例 (可以这样做)："购买当前时间后 1.5 小时内在距离当前售票机 5 英里范围的影院上映的两张《蜜蜂总动员》的电影票。"

7. 标注为了运行基准任务，评估人员必须确保的前提条件

假设你写了这样的一个基准任务："你的狗狗 Mutt 看起来非常健康和精力充沛。从日历中删除你和兽医的 Mutt 年度体检预约。"

每次用户在评估期间执行此任务时，原型日历都必须从同一个"当前"日期开始，而且在日历中一个未来的日期，必须包含一个现有的预约，使每个用户都能找到并删除。为此，必须以评估准则的形式 (参见下一点) 为此基准任务中附加一个注释，以便在评估活动中阅读和遵循该注释。

8. 使用"评分量规"向评估人员提供特别指示

若必要或有用，请在基准任务描述中添加"准则"小节，作为对评估人员的特别指示。这部分内容无需在评估过程中提供给参与者。在其中说明关于需要事先完成或提前设置的任何事情，以建立任务的先决条件，例如售票机系统中的一个现有的活动、生态有效性所需的工作环境或某个任务的特定起始状态。

解决设计师问题的基准任务尤其适合使用评估准则。在你的基准任务所附带的注释中，可提醒评估人员特别注意这些或许能解答设计师特定问题的用户表现或行为。

生态有效性
ecological validity
你的 UX 评估环境与用户实际工作环境相匹配的程度。它关于的是设计或评估有多准确地反映交互生态的相关特征，即它在世界或环境中的背景 (16.3 节，22.6.4.4 节)。

22.6.4　其他基准任务机制

1. 每个基准任务描述单独用一张纸写

好吧，我们确实是想保护树木，但在这种情况下，我们一次只需要向参与者展示一个基准任务。否则，参与者肯定会提前偷看 (即使只是出于好奇)，而且可能会从手头的任务中分心。

将任务描述分开还有另一个原因，可能并非所有参与者都能完成全部任务。没必要让任何人知道他们没有全部完成。一次只看一个，就永远不会知道这一点，也永远不会感到难过。

最后，如果一项任务有一个意外的步骤，例如任务中期改变意图，该步骤也应写到一张单独的纸上，最初不向参与者展示。如果真的想保护树木，你可以 (用剪刀) 裁出一系列基准任务，一个任务用一张小纸即可。

2. 为每个基准任务写一个 "任务脚本"

有时可考虑写一个 "任务脚本"，描述执行任务的代表性或典型方法的步骤，并将其包含在基准任务文档 "包" (package) 中。这仅供评估人员使用，绝对不会提供给参与者。评估人员可能不是设计团队的成员，最初可能不太熟悉如何执行基准任务。利用这些信息，他们能预测可能的任务执行路径。这在参与者无法确定完成任务的方式的时候特别有用；在这个时候，引导评估的人员 (协调人) 至少知道其中一种方式。

3. 需要多少基准任务和 UX 标的?

和 UX 的大多数事情一样，这视情况而定。系统的规模和复杂性应反映在基准任务和 UX 标的 (UX target) 的数量和复杂性上。我们甚至无法向你提供基准任务典型数量的一个估计值。

此时，必须利用自己的工程判断 (engineering judgment)，为合理的、具有代表性的覆盖范围制定数量足够的基准任务，同时不会使评估过程负担过重。如果真的是这方面的新手，我们可以说我们经常会看到十几个 UX 标的，但 50 个又可能太多了，不值得在评估中付出这么大的代价。

基准任务耗时应该多长 (就执行时间而言)？典型的基准任务需要几分钟到 10~15 分钟的时间。有的短有的长是正常的。需要较长的一个相关任务序列来评估任务之间的转换 (过渡)。尽量避免过长的基准任务，因其可能会让参与者和评估人员在测试过程中感到疲倦。

4. 确保生态有效性

设计师的 UX 评估环境与用户实际工作环境相匹配的程度称为生态有效性 (ecological validity)(Thomas & Kellogg, 1989)。人们对基于实验室的用户体验测试的一个批评很有道理，UX 实验室可能变成一种无菌环境，而非用户和任务的现实环境。但是，编写基准任务描述时，可以问自己如何将环境变得更真实，从而加强生态有效性。

- 用户或工作环境中的限制有哪些？
- 任务是否涉及多个人或多个角色？
- 任务是否需要电话或其他物理道具？
- 任务是否涉及背景噪声？
- 任务是否涉及干扰或中断？
- 用户是否必须同时处理多个输入，例如耳机的多个音频输入？

作为可能由电话呼叫触发的任务的一个例子，不是将基准任务描述写在一张纸上，而是尝试打电话给参与者来请求触发所需任务。任务触发的前提条件很少会有人写在纸上并递给你。当然，这时必须将基准任务描述中通常很枯燥的命令式陈述转换为更生动、更"接地气"的对话："嗨，我是 Fred Ferbergen，我和 Strangeglove 医生约了明天的体检，但我必须出城。能将我的预约改到下周吗？"

电话也可通过其他方式使用，从而增强工作环境的真实感。隔壁办公桌上不断响起的第二部电话，或隔壁老是有人大声讲电话，这些都会增加真实感，让用户在执行任务时分心。这是无法从"纯"基于实验室的评估中获得的。

28.5 节讲了一则在空客 A330 的早期测试中需要生态有效性 (UX 评估环境与用户实际工作环境相匹配的程度) 的轶事。

示例：TKS 基准任务中的生态有效性

为评估使用 TKS 管理"购票"工作活动的情况，可利用实物原型和代表性的地点来提高生态有效性。具体地说，将触摸屏显示器集成到纸板或木制售票机结构中，并把它放到相对繁忙的工作区的走廊上。旁边一些好奇的人会不断向用户提一些问题，从而对用户产生一些影响。可让同事假装去"机器"那里排队，增加额外的真实感。

练习 22.2：为系统创建基准任务和 UX 标的

目标：练习写有效的基准任务和可度量的 UX 标的 (UX target)。

活动：之前已为 TKS 展示了相当完整的一组基准任务和 UX 标的。你现在要做的是为自己选择的系统做类似的事情。

首先确定评估针对的是哪些工作角色和用户类别，简要描述一下就可以。

写三个或更多 UX 表行，填写对每一列的选择。至少两个 UX 标的基于一个基准任务，至少一个 UX 标的基于问卷。

创建并编写一组大约三个基准任务，以配合表格中的 UX 标的。不要让任务太简单。

逐渐增大任务的复杂性。加入一些导航。

创建稍后可在低保真快速原型中"实现"的任务。

每个任务的预期平均时间不应超过约 3 分钟，在评估过程中保持简短。

在相应 UX 标的的"度量工具"列包含问卷问题编号。

注意事项和提示：

这个练习中不要花任何时间在设计上；在后面的练习中会有足够的时间进行详细设计。

不要计划对用户进行任何培训。

交付物：

两个用户基准任务，每张纸一个。

在笔记本电脑或纸上的空白 UX 标的表中录入的三个或更多 UX 标的。

如果是在课堂中做这个练习，请朗读各自的基准任务供大家评审和讨论。

时间安排： 高效地工作，在一个半小时左右的时间完成。

22.7　度量工具：用户满意度问卷

主观 UX 评估数据
subjective UX
evaluation data

基于评估人员或用户的意见或判断的数据 (21.1.4.2 节)。

作为主观 UX 度量的一种工具，可以使用与各种用户 UX 设计特征相关的问卷来确定用户对 UX 设计的满意度。度量用户满意度为相关的 UX 度量 (UX measure) 提供了一个主观但仍然定量的 UX 指标 (UX metric)。顺便说一句，我们应该指出客观和主观度量并不总是正交的。例如，非常低的用户满意度会在很长一段时间内降低用户性能 (user performance，或称用户绩效、用户表现)。后面的例子使用的是 QUIS 问卷 (24.3.2.4 节)，但还有其他出色的选择，包括系统可用性量表 (System Usability Scale，SUS) (24.3.2.5 节)。

示例：问卷作为 TKS 的度量工具

如果觉得前两个基准任务 (买票) 为评估"第一印象"UX 度量奠定了良好的基础，那么在这两个初始任务之后，可指定一个特定的用户满意度问卷或其特定子集，将其定为不断扩充的 UX 标的表的第三个 UX 标的中的度量工具，如表 22.7 所示。

表 22.7　为"第一印象"UX 度量选择问卷作为度量工具

工作角色：用户类型	UX 目标	UX 度量	度量工具	UX 指标	基线级别	标的级别	观察到的结果
购票者：临时的新用户，临时性个人使用	快速上手	初始用户表现	BT1：购买特殊活动门票				
购票者：临时的新用户，临时性个人使用	新用户能快速上手	初始用户表现	BT2：购买电影票				
购票者：临时的新用户，临时性个人使用	初始用户满意度	第一印象	QUIS 问卷中的问题 Q1–Q10				

示例：目标、度量和度量工具

在开始讨论 UX 指标之前，可以看看表 22.8 展示的 UX 目标 (UX goal)、UX 度量 (UX measure) 和度量工具 (measuring instrument) 密切关联的一些例子。

表 22.8　UX 目标、UX 度量和度量工具之间的联系

UX 目标	UX 度量	可能的指标
首次就能轻松上手	初始表现	任务时间
易于学习	可学习性	任务时间或错误率（在用了指定的次数后并和初始表现进行比较）
为有经验的用户提供的高性能	长期表现	时间和错误率
低错误率	和错误相关的表现	错误率
在高安全性要求的任务中避免错误	特定于具体任务的错误表现	错误计数，针对严格的标的级别（比任务时间更重要）
错误恢复表现	特定于具体任务的时间表现	任务恢复时间
总体用户满意度	用户满意度	问卷平均分
用户被产品吸引	用户认为的吸引力	问卷平均分，问题侧重于产品是否有足够的吸引力
总共用户体验	用户认为的总体体验	问卷平均分，问题侧重于总体用户体验的质量，包括产品可能与情感影响因素最密切相关的一些特定的点
总体用户满意度	用户满意度	问卷平均分，问题侧重于用户是否愿意下次继续使用，并将产品推荐给其他人
用户无需重新学习即可继续执行任务的能力	可保留性	隔一段时间（例如一周）后重新评估的任务时间和错误率
避免让用户因不满意而走开	用户满意度，尤其是初始满意度	问卷平均分，问题侧重于初步印象和满意度

22.8　UX 指标

UX 指标 (UX metric) 描述的是 UX 度量 (UX measure) 所获得的值属于什么类别。它说明了要测量的是什么。一个给定的度量可以有多个指标。作为软件工程 (SE) 领域的一个例子，"软件复杂度"(software complexity) 是一种度量，它的一个指标 (获取度量值的一种方试) 是"代码行数"。

或许最常见的 UX 指标是客观的那些，以性能 (表现、绩效) 为导向，并在参与者执行基准任务时采用。其他 UX 指标则可能是主观的那些，基于从问卷调查结果计算的评级或分数。典型的客观 UX 指标包括任务时间 [*] 和用户犯的错误数。其他包括使用帮助或文档的频率；花在错误和恢复上的时间；失败命令的重复次数 (用户为什么老是尝试以前不起作用的操作？)；执行任务的命令数量、鼠标点击次数或其他用户操作数量。

如果喜欢冒险，可使用用户在第一次评估期间表达沮丧或满意的次数作为他 / 她对 UX 设计的初步印象的指标。当然，由于评论数和评估时间长度直接相关，所以要相应地计划你设定的级别 (levels)，或者可将级别设为每单位时间的计数，例如每分钟的评论数，从而将时间长短的差异考虑在内。

诚然，这个度量工具相当依赖参与者，要看参与者在评估期间是否喜欢表现，参与者是否平时就喜欢抱怨……，但这个指标可以产生一些有趣的结果。

通常，主观 UX 指标代表你想从问卷中获得哪种数值结果，通常基于简单的数学统计度量，例如平均值。记住，要的只是用户体验的工程指标，而不是要在统计学意义上追求精确。

而且不要忽视在需要对性能 (表现、绩效) 进行权衡的情况下设置一些度量组合。如将一个 UX 指标指定为另外两个性能相关指标 (例如任务时间和错误率) 的函数 (例如求和、求平均值)，就表示你愿意放弃一个方面的性能，换取另一个方面的性能。

我们希望你能探索 UX 指标的其他许多可能性，而不要局限于我们之前提到的，具体如下。

- 在给定时间内完成的任务百分比。
- 成功 / 失败比。

- 移动光标所花费的时间 (必须使用软件工具进行测量，但从中可了解这种物理操作的效率，这对某些专用应用来说是必需的)。
- 对于可见性和其他问题，测量对屏幕的注视、瞳孔大小的变化所代表的认知负荷以及使用眼动追踪技术来测量的其他方面。

最后，请确保 UX 度量、度量工具和指标组合在一个 UX 标的 (UX target) 中是有意义的。例如，如打算在 UX 标的中使用问卷，就不要使用"初始表现"这一 UX 度量。问卷不衡量表现；它衡量的是用户的满意度或意见。

示例：TKS 的 UX 指标

如上一节所述，对于表 22.8 第一个 UX 标的中的"初始表现"UX 度量，为特殊活动买票的时长是一个合适的度量值。我们在表 22.9 第一个 UX 标的中添加"平均任务时间"作为指标来指定这一点。

作为一个不同的客观表现 (性能) 度量，你可以度量用户在购买电影票时犯的平均错误数。在表 22.9 中，它被选为第二个 UX 标的要度量的值。经常都需要在参与者在执行一次任务时对这两个指标进行度量。例如，参与者不需要在你为任务计时时执行一个"买票"任务，在统计错误时又执行一次不同的 (或重复相同的)"买票"任务。

最后，对于表 22.9 第三个 UX 标的中的 UX 指标，即"第一印象"UX 度量的主观 UX 标的，我们使用所有用户和所有问题 (即 Q1–Q10) 的数值评分的简单平均值。

表 22.9　为 UX 度量选择 UX 指标

工作角色：用户类别	UX 目标	UX 度量	度量工具	UX 指标	基线级别	标的级别	观察到的结果
购票者：临时的新用户，临时性个人使用	快速上手	初始用户表现	BT1：购买特殊活动门票	平均任务时间			
购票者：临时的新用户，临时性个人使用	新用户能快速上手	初始用户表现	BT2：购买电影票	平均错误数			
购票者：临时的新用户，临时性个人使用	初始用户满意度	第一印象	QUIS 问卷中的问题 Q1–Q10	所有用户和所有问题的平均分			

22.9   基线级别

基线级别是 UX 指标的基准级别，我们基于它与其他级别进行比较的。它通常是为系统的当前版本测量 (自动或手动) 的级别。

22.10   标的级别

标的级别规范是对一个 UX 指标的目标或期望值的定量陈述。标的级别是操作层面上预期用户体验取得成功的标准。UX 指标的标的级别是表明用户体验取得成功的最小值。评估中未达到的标的级别是设计师改进的重点。

22.11   设定级别

UX 标的表中的基线级别 (baseline level) 和标的级别 (target level) 是量化用户体验指标的关键。但有时设定基线和标的级别可能是一个挑战。为此，需确定系统要支持什么级别的用户性能 (用户表现) 和用户体验。

显然，级别值通常是"最佳猜测"，但通过实践，UX 人员会越来越熟练地建立合理可信的标的级别和设置合理的值。

可以用来设置基线和标的级别的参照物如下所示。

- 正在设计的新系统的现有或之前的版本。
- 竞争系统，例如具有较大市场份额或用户体验广受好评的系统。

虽然 UX 标的表中可能并不总是会明确指出，但显示的基线和标的级别指的是相应度量的所有参与者的平均值。换言之，显示的级别并不要求每次评估期间中的每个参与者都能达到。例如，如果在表 22.10 第二个 UX 标的中为基准任务 BT2 指定 4 个错误的标的级别作为可接受的最差性能 (表现) 级别，就表示在执行"购买电影票"任务的所有参与者中，平均出错次数不能超过 4。

表 22.10　为 UX 度量设置基线级别

工作角色：用户类别	UX 目标	UX 度量	度量工具	UX 指标	基线级别	标的级别	观察到的结果
购票者：临时的新用户，临时性个人使用	快速上手	初始用户表现	BT1：购买特殊活动门票	平均任务时间	3 分钟		
购票者：临时的新用户，临时性个人使用	新用户能快速上手	初始用户表现	BT2：购买电影票	平均错误数	<1		
购票者：临时的新用户，临时性个人使用	初始用户满意度	第一印象	QUIS 问卷中的问题 Q1-Q10	所有用户和所有问题的平均分	7.5/10		

22.11.1　设置基线级别

示例：TKS 的基线级别值

为确定 TKS 前两个 UX 标的基线级别，我们可以让某人在 MUTTS 售票处执行购买特殊活动和电影门票的基准任务。这可能与你期望用户使用新的 TKS 系统能实现的目标大相径庭，但这是一个可供比较的参照物。对一个基线级别进行度量，有助于确保 UX 指标实际上是可度量的。

假设购买一张特殊活动的门票大约需要 3 分钟，该值就为表 22.10 第一个 UX 标的提供了一个合理的基线级别。由于大多数人已经有在售票处购票的经验，所以该值并不是真正的初始表现（初始性能），但它提供了一些关于该值的思路。

要为第二个 UX 标的设置购买电影票的基线值，可假设几乎没有人在售票处执行此操作会犯任何错误，所以让我们将基线级别设为小于 1，如表 22.10 所示。

为了在第三个 UX 标的中建立"第一印象"UX 度量的基准值，可对 MUTTS 的一些用户进行问卷调查。假设我们已经这样做了，而且第一印象 UX 度量的平均得分为 7.5 分（满分 10 分），我们把这个值加入表 22.10。

MUTTS
米德尔堡学院票务系统，Middleburg University Ticket Transaction Service

MUTTS 是本书大多数设计过程的运行实例（running example）(5.5 节)。

22.11.2　设置标的级别

因为"通过 UX 测试"意味着同时满足所有的标的级别，所以必须确保整个表中所有 UX 度量的标的级别都同时达到。换言之，要避免为了达到一个标的级别的目标 (target level goal)，就将另一个相关的标的级别变得很难达到。

那么，如何为标的级别提出合理的值呢？一个经验法则是，标的级别通常设为在相应基线级别上的一个进步。如果不是为了变得更好，构建一个新系统还有什么必要？当然，改进用户表现 (用户性能，用户绩效) 并不是构建新系统的唯一动机；在设计中增加功能或满足用户更高层次的需求也可能是一个因素。但是，这里的重点是改善用户体验，这通常意味着提高用户表现和满意度。

对于初始性能度量，应设置允许有足够时间的标的级别，例如，让不熟悉的用户阅读菜单和标签、稍微思考一下并环顾每个屏幕以了解它们。所以，在设置初始表现度量的级别时，不要假设用户已经熟悉了设计。

示例：TKS 的标的级别值

在表 22.11 中，对于第一个初始表现 UX 度量，让我们将标的级别设为 2.5 分钟。在缺少其他数据支撑的情况下，相对于我们 3 分钟的基线级别，这是一个合理的选择。我们将此值输入到表 22.11 的第一个 UX 标的的"标的级别"列中。由于"购买电影票"任务的基线级别是少于一个错误，所以也许有人倾向于将标的级别设为零，但这意味着不允许任何人犯错。所以，让我们保留现有级别 <1 作为错误率的标的级别。我们在表 22.11 的第二个 UX 标的 (第二行) 中输入该值。

对于第一印象 UX 度量，让我们稍微保守一些，将问卷的标的级别设为平均分 8 分 (满分 10 分)。显然，对于大多数教科书或者课程，8/10 的分数都应该算成"通过"。该值输入表 22.11 的第三个 UX 标的 (第三行) 中。

表 22.11　为 UX 指标设置标的级别

工作角色：用户类别	UX 目标	UX 度量	度量工具	UX 指标	基线级别	标的级别	观察到的结果
购票者：临时的新用户，临时性个人使用	新用户能快速上手	初始用户表现	BT1：购买特殊活动门票	平均任务时间	MUTTS 售票处测得 3 分钟	2.5 分钟	
购票者：临时的新用户，临时性个人使用	新用户能快速上手	初始用户表现	BT2：购买电影票	平均错误数	<1	<1	
购票者：临时的新用户，临时性个人使用	初始用户满意度	第一印象	QUIS 问卷中的问题 Q1–Q10	所有用户和所有问题的平均分	7.5/10	8/10	
购票者：经常听音乐会的人	准确	熟练使用发生的错误率	BT3：购买音乐会门票	平均错误数	<1	<1	
临时公众购票者	新用户能快速上手	初始用户表现	BT4：购买 Monster Truck Pull 门票	平均任务时间	5 分钟（在线系统）	2.5 分钟	
临时公众购票者	新用户能快速上手	初始用户表现	BT4：购买 Monster Truck Pull 门票	平均错误数	<1	<1	
临时公众购票者	初始用户满意度	第一印象	QUIS 问题 4–7，10，13	所有用户和所有问题的平均分	6/10	8/10	
临时公众购票者	没什么经验的用户能快速上手	仅后期表现	BT5：购买《敦刻尔克》电影票	平均任务时间	5 分钟（包括写评论）	2 分钟	
临时公众购票者	没什么经验的用户能快速上手	仅后期表现	BT6：购买 Ben Harper 音乐会门票	平均错误数	<1	<1	

22.11.3　其他标的

仅出于说明的目的，我们在表 22.11 中添加了一些额外的 UX 标的 (UX target)。第 4 行的 UX 标的针对的是普通音乐会爱好者使用常客折扣券购买音乐会门票的任务。UX 度量是使用"购买音乐会门票"基准任务来度量在熟练使用的情况下发生的错误率，目标级别为 0.5(平均)。

表的最后两个 UX 标的中使用的其他基准任务包括：

BT5：你想买今晚 7 点到 8 点在距离地铁站走路 10 分钟可到的一家影院放映的《敦刻尔克》电影票。首先核实电影评级为 PG-13，因为你要 15 岁的儿子一起看。然后看这部电影的评论区 (只需向我们展示你能找到评论区，但现在不必花时间阅读)，然后购买两张普通票。

BT6：购买 9 月 29 日到 10 月 1 日周末任何一个晚上的三张 Ben Harper 音乐会门票。以每张票最多 50 美元的价格获得最好的座位。打印乘地铁去音乐会的路线。

22.12   观察到的结果

表 22.11 最后一列是为实际观察到的结果准备的，用于记录在形成性评估期间观察用户执行规定任务时测量到的值。作为 UX 标的表的一部分，此列提供了指定级别和测试结果之间的直接比较。

由于通常会从多个用户那里获得观察结果，所以可以在一个观察结果列中记录多个值，也可以为观察到的结果添加更多列，并用当前这一列作为观察到的值的平均值。如果按照我们的建议，用电子表格维护你的 UX 标的表，那么在稍后的 UX 评估分析 (第 26 章) 中管理观察到的数据和结果会更容易。

练习 22.3：为系统创建基准任务和 UX 标的

为你的产品或系统写几个 (3~4 个) 关键的 / 有趣的用户任务描述。说明要做什么，但不说明具体怎么做。用这些作为度量工具，加上其他任何合适的内容，填写一个你自己的 UX 标的表。

22.13   创建 UX 标的的实用技巧和注意事项

以下提示可帮助你填写自己的 UX 标的表。

- 准备好根据初始观察结果调整目标级别值。

在评估过程中，有时会观察到和你的预期截然不同的用户表现。这些结果意味着设计可能存在严重问题，但它们也可以帮助你改善 UX 标的中的目标级别。虽然可能会将级别设得过于宽松，但也可能表明初始的 UX 标的要求过高，尤其是在早期的迭代周期中。

- 不要设置几乎不可能实现的平均值目标，比如零错误率。

由于目标级别值是平均值，所以即使在评估期间的任何位置发生一个错误，结果值也不会为零。

- 有用性和情感影响的 UX 目标、指标和标的呢？

问卷和访谈也可用于评估有用性、情感影响 (例如品牌问题) 和意义性。

有用性
usefulness

用户体验的一个组成部分，基于实用性 (utility)。有用性强调系统的功能，它为你赋予了使用系统或产品实现工作 (或游戏) 目标的能力 (1.4.3 节)。

22.14　UX 目标、指标和标的的快速方法

　　和本书其他大多数其他过程章一样,这里的过程可被删减,用严格性(例如完整性)换取速度和更低的成本。可删减的东西如下。

- 删除客观 UX 度量和指标，但保留 UX 目标和定量的主观度量。与需要基于实验室或现场实证测试才能获得的指标相比，通过问卷获得的指标更容易且成本更低。

- 删除所有 UX 度量和指标以及 UX 标的表。保留基准任务作为用户任务表现和行为的基础，以在有限的实证测试中观察以收集定性数据 (UX 问题数据)。

- 完全忽略 UX 目标、指标和标的，只使用快速评估方法，然后只生成定性数据。

第 23 章

实证 UX 评估：准备

> 做好准备；这是童子军的行军歌曲…不要紧张，不要慌张，
> 不要害怕；做好准备！
>
> ——汤姆·勒尔 (Tom Lehrer)

本章重点

- 实证 UX 评估计划
- 评估范围和严格性
- 实证 UX 评估的目标
- 选择团队角色以进行实证 UX 评估
- 准备一系列有效的用户任务
- 招募参与者
- 为会话做准备
- UX 评估会话工作包
- 评估前进行最后的试点测试

23.1 导言

23.1.1 当前位置

在每章的开头，都会以"当前位置"(You Are Here) 为题，介绍本章在"UX 轮" (The Wheel) 这个总体 UX 设计生命周期模板背景下的主题 (图 23.1)。本章介绍如何准备实证 UX 评估。本章内容也适合其他种类的评估。

虽然为了内容的完整性，我们在第 24 章讲述了定量 UX 数据收集技术，在第 26 章讲述了定量数据分析，但由于目前在实践中较少关注定量用户表现度量 (quantitative user performance measure)，所以相较于之前的可用性工程书籍，我们在这方面强调的较少。我们更多强调定性评估以揭示需要修复的 UX 问题。

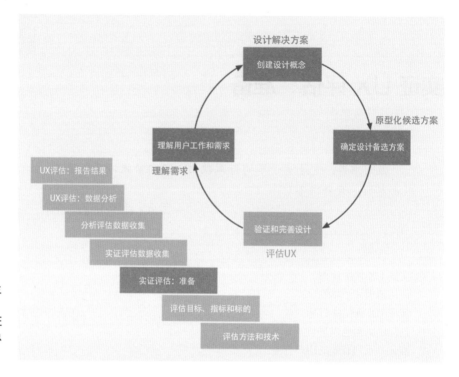

图 23.1
当前位置：在总体 UX 生命周期过程的"评估 UX"生命周期活动中准备实证评估。整个轮对应的是总体的生命周期过程

23.1.2   实证 UX 评估会话计划

实证 UX 评估 (empirical UX evaluation) 方法 (第 24 章) 需要从真实用户参与者的表现中观察到的数据以及直接来自参与者的数据。实证 UX 评估计划的目的是为你的项目确定最合适的评估目标、方法、活动、条件、约束 (限制) 和期望。如果要由直接项目组以外的人士阅读该计划，你可能需要一个事前的"样板"介绍并在其中要非常简洁地说明以下主题。

- 计划概述。
- 被评估的产品或产品部分的概述 (针对组外人员)。
- 产品用户界面的目标 (即成功用户体验的要素)。
- 对预期用户群体的描述。
- 知情同意方法概述
- 对此评估如何适应总体迭代 UX 过程生命周期的概述。
- UX 评估过程的总体概述 (例如，准备、数据收集、分析、报告和迭代)。
- 为本次会话计划的常规评估方法和活动。
- 预估时间安排。
- 负责人。

计划的主体应该从评估目标 (下一节) 开始，还应包括对方法和机制的描述。

- 对资源和限制的描述 (例如，所需 / 可用时间、原型的状态、实验室设施和设备)。
- 试点测试计划。
- 评估方法，对数据收集技术的选择。
- 评估机制 (例如，使用的材料、知情同意书、评估地点、UX 目标和涉及的指标、要探索的任务，其中包括适用的基准任务)。
- 要使用的所有工具 (例如，基准任务描述、问卷)。
- 数据分析方法。
- 你评估情感影响所采用的方法的具体细节，以及 (如果合适) 交互的长期情感方面。

23.2 评估范围和严格性

23.2.1 评估范围

可在任何范围内执行 UX 评估。大范围方法最适合敏捷 UX 漏斗的早期部分，在那里将评估总体产品 / 系统架构和用户工作流程，以及概念设计——强调需求金字塔的生态层。

小范围方法最适合后期敏捷 UX 漏斗的冲刺中的频繁迭代。小范围评估强调金字塔交互层中的任务级的设计。

你可能已经猜到，在任何范围都可以强调金字塔的情感需求层。

23.2.2 评估严格性

可以进行任何严格度的 UX 评估。可在早期设计阶段进行低严格度的评估，此时设计正在快速变化，如强调对数据中细节的保留只会浪费时间。仅仅是出于跟上敏捷冲刺的压力，即使在后期漏斗中，也可能要以相对较低的严格度执行 UX 评估。

过去投入大量资源进行严格 UX 评估和严格方法的大型组织在需要它的项目中仍然占有一席之地。但是，随着注意力逐渐转向敏捷方法，大多数项目越来越难以证明时间成本的合理性。UX 评估的高严格性要求仔细关注细节并完整保存数据，包括数据纯度和数据完整性。由于我们讨论了完

情感影响
emotional impact

用户体验的情感部分，影响用户的感受。这些情感包括快乐、愉悦、趣味、满意、美学、酷、参与和新颖，而且可能涉及更深层的情感因素，例如自我表达 (self-expression)、自我认同 (self-identity)、对世界做出了贡献以及主人翁的自豪感 (1.4.4 节)。

(交付) 范围
scope (of delivery)

描述在每个迭代或冲刺阶段，目标系统或产品如何进行 "分块" (分成多大的块)，以便交付给客户和用户以获得反馈，以及交付给软件工程团队以进行敏捷实现 (3.3 节)。

整性的许多细节，所以看起来我们的描述代表对过程的一种非常严格的看法。但实际上，你在这里读到的内容完全能应用于任何严格度。

23.3　实证 UX 评估会话的目标

在评估计划中，首先要做的事情之一是设定该项目特有的评估目标并确定其优先级。确定要调查的最重要的设计问题和用户任务。要决定系统的哪些部分或者功能你暂时无暇查看。

评估目标可以包括以下几点。

- 评估范围 (本次评估涵盖的系统部分)。
- 应用评估的范围 (块的大小)(23.2.1 节)。
- 要应用的严格性 (正式性和完整性级别)(23.2.2 节)。
- 要强调的需求金字塔各层 (从上到下依次是: 情感、交互和生态需求，12.3.1)。
- 要收集的数据类型 (21.1.4 节)，尤其是是否涉及定量数据。
- 要强调的 UX 目标、标的和指标 (如果有的话)(第 22 章)。
- 将此评估与产品设计演变的当前阶段 (要探索的早期设计思路与接近最终的原型) 相匹配。

23.4　选择团队角色

23.4.1　参与和认同

鼓励整个项目团队至少参与其中一部分评估。广泛的参与会产生认同感和主人翁意识。为了严肃看待评估结果并解决问题，这些是必要的。角色包括协调人、原型"执行者"、所有数据收集人员和其他支持角色。团队中的任何人都可作为一名观察员参与学习。

23.4.2　协调人

协调人 (facilitator) 是评估团队的领导者，负责协调并确保一切正常进行。协调人主要负责计划和执行评估活动，对确保实验室环境设置正确负有最终责任。 由于协调人将是会话期间参与者的主要联系人并负责让参与者安心，所以应选择具有良好人际沟通能力的人。

23.4.3　原型执行者

如果使用的是低保真点击式线框原型，那么需要选择一个原型执行者 (prototype executor)，一个手动"执行"原型，并在用户交互时移动它的人。

原型执行者必须对设计的工作原理有透彻的技术性了解。为了让原型执行者只对参与者的操作做出反应，他／她必须有稳定的瓦肯人那样的逻辑感。执行者还必须有纪律，保持一张扑克脸，在整个会话期间不说一个字。

23.4.4　定量数据收集人员

如计划包括定量数据收集，就需要有人来做。取决于你的 UX 指标和定量数据收集工具，负责收集定量数据的人员可能要携带秒表和计数器 (机械、电子或纸笔) 四处走动。这些人必须准备好记录发生的定量数据。由于定量指标通常涉及简单的描述性统计 (例如平均值)，所以数据收集人员可考虑将表现 (性能、绩效) 和其他数据直接输入一个电子表格。

23.4.5　定性数据收集人员

选择尽可能多的团队成员作为定性数据收集和记录人员。评估团队的任何成员都不应在会话期间无所事事。从事这项工作的人员越多，结果就越全面。每个人都应该准备好收集定性数据，尤其是关键事件数据。

23.4.6　支持角色

有时，作为任务设置的一部分，或者为了管理评估期间需要的道具，需要有人与参与者进行交互。例如，为了模拟真实的任务环境，可能需要有人打电话给房间中的参与者。另外，如果用户参与者是某个"代理"(如售票员)，可能还需要一个"客户"走进去跟代理沟通，以确保代理能使用系统完成某个代理任务。请选择自己团队成员扮演支持角色并处理道具。

23.5　准备一系列有效的用户任务

如评估基于任务，包括任务驱动的 UX 检查方法，请选择恰当的任务来支持评估。为不同的评估目的选择不同类型的任务。

＊译注

《星际迷航》中的一个种族，即瓦肯人 (Vulcan)，擅于用理性控制情绪。

检查
inspection(UX)

一种分析评估方法，UX 专家通过观察或尝试来评估交互设计，有时会在一套抽象的设计准则的背景下进行。评估人员既是参与者的代理人 (participant surrogates)，也是观察者，他们会思考什么会对用户造成问题，并就预测的 UX 问题给出专业意见 (25.4 节)。

基准任务
benchmark task

描述了参与者在 UX 评估期间要执行的任务，旨在获得任务时间和错误率等 UX 度量值，并将其与多个参与者的表现基线值进行比较 (22.6 节)。

23.5.1　生成定量度量的基准任务

基准任务描绘的是适用于每个参与者所代表的关键工作角色和用户类别的、具有代表性的、频繁的和关键的任务。如果已经定义了一个基准任务来生成定量度量 (quantitative measure)，那么现在应该已经准备好相应的任务描述和 UX 标的指标以及数据收集过程，最后再与观察到的结果进行比较。

此外，应打印基准任务描述，准备好供参与者使用以生成要度量的数据。确保每个任务描述只说明要做什么，不要提示具体怎么做。此外，不要在描述中传达关于设计任何部分的情况 (例如，UI 对象或用户操作的名称，或来自标签 / 菜单的文字)。

23.5.2　未度量的任务

可能还需要对未度量的任务 (unmeasured task) 进行描述，这些任务不会对参与者的表现进行定量的度量。评估人员可通过这些有代表性的任务，强调基准任务未以某种方式涵盖的设计方面，从而增大定性评估的广度。

早期阶段可能只使用未度量的任务，其唯一的目标是观察关键事件并识别初始 UX 问题，从而提前根除和修复最明显和最严重的问题，否则度量到的任何用户表现数据不会有用。

就像为评估 UX 属性创建的基准任务一样，应打印出具有代表性的未度量任务的描述，这些描述应与基准任务描述一样具体，供参与者在评估期间执行。

23.5.3　探索性自由"使用"

除了严格指定的基准和未度量的任务外，评估者还可考虑观察参与者与设计的非正式交互，这是一个不受预定义任务约束的自由玩耍时间。他们可能都没有在做任务，只是在探索。

为了让参与者自由使用，评估者可以简单地说："简单地玩一下界面，做你想做的任何事情，一边玩一边大声说话。"自由使用对于在设计师未预料到的情况下揭示参与者的期望和系统行为很有价值。如设计存在问题，这种情况下很可能破坏设计。

23.5.4　用户定义的任务

有时，用户提出的任务会提醒你设计中意想不到的方面 (Cordes,

2001)。可在评估会话之前向参与者提供系统描述，并要求他们写下他们认为值得尝试的一些任务，从而把用户定义的任务加进来。否则，也可以等到评估进行时，让每个参与者即兴提出要尝试哪些任务。

　　如果想为参与者设置更统一的任务集，同时仍然希望在其中包括用户定义的任务，可在开始任何评估会话之前，要求一组不同的潜在用户提出一些候选任务描述。对于焦点小组来说，这是一个很好的任务。你可以审查、编辑这些任务并将其合并成一组用户定义的任务，作为每个评估会话的一部分提供给每个参与者。

焦点小组
focus group(UX 实践)

一个小型的讨论组，由有代表性的用户或利益相关方讨论工作实践中的广泛主题和问题(7.4.4.3 节)。

23.6　招募参与者

　　准备实证 UX 评估的下一步是选择和招募参与者，寻找有代表性的用户 (通常是团队外部的人员，甚至经常在项目组织外部) 来帮助评估。

23.6.1　预先制定招募用户参与者的预算和时间表

　　寻找和招募评估参与者时，你可能想偷工减料并节省一点预算，也可能是想拖到最后一分钟才去做。但是，想想看你到目前为止已在 UX 生命周期过程和设置形成性评估的过程中进行了更大的投资。为了保护这些投资，需要留出合理的资源，预算要留出资金来支付参与者的费用，时间表要留出时间来招募所有需要的评估参与者 (范围和数量都要保证)。如果不经常做这种评估，可以让专业招聘人员帮你你招聘参与者，甚至干脆整个评估都由 UX 评估咨询公司的人员来做。

23.6.2　确定合适的参与者类型

　　在正式的总结性评估中，选择参与者的过程被称为"抽样"，但该术语在这里不合适，因为我们所做的事情与它所暗示的统计关系和约束无关。事实上，情况恰恰相反。你尝试的是通过最少数量的参与者和完全正确选择 (非随机) 的参与者来最大程度地了解设计。要寻找"代表性用户"的参与者，即与目标工作角色的用户类描述相匹配，并对目标系统领域有一般性了解的参与者。如果有多个工作角色和用户类别，应尝试招募代表每个类别的参与者。如果想确定参与者具有代表性，可准备一份简短的书面人口统计调查来管理参与者，确定每个人都符合预期工作活动角色的用户类别特征。

正式总结性评估
formal summative
evaluation
一种正式的、统计上严
格的总结性（定量）实
证 UX 评估，可产生
具有统计意义的结果
(21.1.5.1 节）。

事实上，参与者必须符合他们要帮助评估的任何 UX 标的 (UX targets) 中的用户类别特征。所以，举个例子来说，如果指定了要评估初始使用，就需要不熟悉该设计的参与者。

"专家"参与者

如果一个评估会话要求有经验的用户，很明显就应招募一个专家用户，一个了解系统领域并了解你的特定系统的人。专家用户善于通过出声思考来生成定性数据。这些专家用户理解任务，并可告诉你他们不喜欢设计的哪些方面。但是，你不一定要依赖他们来决定怎么设计更好。

如果需要一位具有广泛 UX 知识，并可帮助指出哪些设计不符合规范的参与者，请招募一位 UX 专家。作为参与者，这种专家可能不了解系统领域，任务本身对他们来说可能没多大意义，但他们可以分析用户体验，发现细微的问题（例如，小的不一致，颜色使用不当，导航混乱等），并提供解决方案的建议。

或者可以考虑招募一个所谓的"双料专家"(double expert)，一个同时非常了解你的系统的 UX 专家，这也许是最有价值的一种参与者。

23.6.3　确定合适的参与者人数

具体需要多少参与者，完全取决于要进行的评估类型以及进行评估的条件。存在一些经验法则，例如著名的"三五名参与者就够了"，但这些话经常被断章取义，以至于最后变得毫无意义。但在确定自己的真正需求前，它们也是一个不错的起点。28.6 节将进一步讨论"三五名用户"规则及其限制。

好消息是，你的经验和直觉将成为有效的试金石，让你了解何时从 UX 评估的迭代中获得最大收益，以及何时继续前进。如发现增加更多的参与者也不能发现足够多的新关键事件或 UX 问题，就表明或许已经使用了足够多的参与者。

每次进行实证 UX 评估时，都必须自己决定可以或想要负担多少参与者。有时，这只是为了达到你的 UX 目标，这时多少参与者和迭代都可以。但更多的时候只是找些人，获得一些见解，然后结束。

23.6.4　考虑招聘方法和筛选

现在的问题是在哪里可以找到参与者。尽早通知客户你的评估过程要如何进行，这样才有最好的机会在适当的时间从客户组织获得代表性的用户。

成功招募参与者的一些提示如下。

- 尝试让你周围的人 (同事、组织中其他部门的同事、配偶、孩子等) 自愿抽出时间作为参与者，但要确保他们的特征符合主要工作角色和相应用户类别的需求。
- 可通过报纸广告和电子邮件招募一些参与者，但这些方法通常效率低下。
- 如街上的普通人符合参与者的 profile(例如，对于消费者软件应用)，请在购物中心和停车场分发传单，或在杂货店和其他公共场所 (例如图书馆) 张贴通知。
- 如果团体的横截面符合你的用户类别需求，就在用户组和专业组织的会议上发公告。
- 如果合适，可在大学、社区学院甚至从幼儿园到中小学招募学生。
- 考虑将临时职业介绍所作为寻找参与者的另一个来源。

临时职业介绍所可能存在的一个缺陷是，他们通常对 UX 评估一无所知，也不明白为什么选择合适的人作为参与者如此重要。毕竟，这种机构的目标是保持其临时人员池子中的人被雇用，所以只能由你亲自出马，根据用户类别特征筛选他们的候选人。

23.6.5　使用参与者招募数据库

如果经常都要做评估，应维护一个包含潜在参与者联系信息的招聘数据库。将过去接触过的所有参与者都放到该数据库，以后就会很方便了。

有时也可使用自己的客户群体或客户的联系人清单作为参与者的招募来源。或许营销部门有自己的联系人数据库。

23.6.6　决定激励和报酬

一般来说，你不会要求参与者免费工作，所以通常必须公布某种报酬。通常要支付适度的小时费 (例如，比街头志愿者的最低工资高出约 1 美元)。专家参与者的费用要高一些，具体取决于你有哪些特殊的要求。不要总是贪便宜，也许付得多才能回报多。

除了金钱，还可以提供各种优质礼物，例如带有公司 logo 的咖啡杯、本地餐馆和商店的优惠券、印有他们 "UX 测试幸存者" 这样的口号的 T 恤、免费披萨甚至巧克力饼干！有的时候，仅仅告诉他们有机会试用尚未发布的新产品或者有机会帮助塑造一些新技术的设计，就足够他们激动好一阵子了。

23.6.7　有的参与者很难找，但不要放弃

安排难以找到的参与者类型时要有一定创意。有时，客户根本不会让开发者组织接触到有代表性的用户。例如，海军会从公海召回舰艇和舰载人员来评估正在开发的系统，这是很有道理的。

专业角色（如急诊医生）对他们的时间有要求，这造成很难甚至不可能提前安排他们。有时可以签订一个 "随时待命" 这样的协议，如果他们有空闲时间就打电话给你，而你立即安排工作。

有时真的无法获得代表用户，那么可以尝试找一个用户代表，他的角色不尽相同，但从其他角度对此角色有所了解。领域专家不一定和用户相同，但同样可以作为参与者，尤其是在早期评估周期中。我们有一次想从某个组织找一种特定的代理人，他们是为公众服务的。但至少在最开始的时候，我们不得不先拿这些代理的主管来试水。

23.6.8　招募共同发现人员

共同发现
codiscovery

一种定性数据收集技术，两个或更多参与者以团队方式进行评估，通常会使用一种出声思考数据收集技术。两个人可以更自然地交谈，在对话交互中表达出多种观点 (21.4.2.3 节和 24.2.3.3 节)。

考虑专门为共同发现评估招募成对的参与者。目标是找到在评估期间能很好地合作，而且同时都有时间的人。我们发现最好不要使用两个亲密的朋友或每天一起工作的人；如此亲密的关系会导致太多的俏皮话和行动。

寻找技能、工作风格和个性相辅相成的人。有时可让他们进行 Myers-Briggs 测试 (Myers, McCaulley, Quenk, & Hammer, 1998)，判断是不是合作型人格。

23.6.9　像管理其他任何宝贵的资源那样管理参与者

经历了招募参与者的所有麻烦，并付出了相关的成本之后，不要让这个过程因为参与者忘记到场而失败。设计一个机制来管理和参与者的联系。保持和他们的联系，提前提醒预约。如果合适，事后还要跟进。

需要一个标准程序和一个万无一失的方式来提醒自己遵循该机制，提前致电参与者以提醒他们的预约，这和看医生是一样的道理。未到场的参与者会因为未用到的实验室设施使你花冤枉钱，另外还会造成评估人员的挫败感、时间的浪费和日程的延误。

23.6.10　为后续迭代选择参与者

经常一个常见的问题是，在多个形成性评估周期中，是否应该使用同一批参与者？自然，你不会反复用同一个参与者评估"初始使用"。

但有的时候，重用参与者 (可能是三到五个中的一个) 是有意义的。这样，除了来自两个新参与者关于修改过的设计的新数据集之外，还可获得对上一周期的设计更改的反应。拜访之前的参与者，告诉你重视他们的帮助，并使他们感觉到自己真的是在帮助你改进设计。

23.7　准备评估

23.7.1　实验室和设备

如果计划的是基于实验室的评估，准备工作最明显的方面是让实验室可用，并根据需要进行配置。如计划收集定量 UX 数据，请准备好正确的任务计时器和错误计数器，从简单的秒表到用于自动提取计时数据的工具软件都可以。

如果认为应在实验室外，或使用特殊道具或环境条件进行评估，请参阅 22.6.4.4 节，进一步了解有关这一主题的更多信息。

示例：彭博社 LP 的现代 UX 实验室

彭博社 LP 是金融信息学的领导者，它采用了一个现代化的 UX 评估实验室，其中有两个区域——一个参与者室和一个观察室——每个区域都有独立入口，并由单向镜隔开。参与者房间有一台多显示器的工作站 (图 23.2)，用于评估彭博社的桌面应用程序。

图 23.2
彭博社 UX 评估实验室的
桌面评估

　　参与者房间的另一边还设计了一个地方使用纸原型 (图 23.3) 或移动设备 (图 23.4) 进行评估。

　　图 23.4 左边一部分展示了评估彭博社移动应用的情况。右边是固定了摄像头的移动设备支架的特写，参与者在交互时可以握住和移动移动设备，同时安装的摄像头将捕获用户界面和她的动作。

　　图 23.5 展示了观察室的样子，为防止参与者房间的人看过来，观察室保持黑暗。观察者可通过单向镜看到参与者房间。实验室可将 7 个视频源和 4 个屏幕捕获源中的最多 5 个从参与者房间流式传输到观察室顶部的大屏幕。

　　该实验室在定义彭博社旗舰桌面和移动应用的 UX 设计方面发挥了重要作用。特别感谢彭博社 LP 首席技术官肖恩·爱德华 (Shawn Edwards)；UX 设计主管法德·阿夏德 (Fahd Arshad)、潘·斯詹克 (Pam Snook) 以及薇拉·纽豪斯 (Vera Newhouse) 为我们提供这些照片。

图 23.3
彭博社 UX 评估实验室的纸原型评估

图 23.4
彭博社 UX 评估实验室的移动设备评估

图 23.5
彭博社 UX 评估实验室的
观察室

23.7.2　会话参数

评估人员必须确定评估的协议和程序，了解一下在与一名参与者进行的评估会话 (evaluation session) 期间究竟会发生什么以及持续多长时间。

1. 任务和会话长度

仅一名参与者的评估会话的典型时长为 30 分钟到 2 小时不等。但对参与者来说，一次真实世界的 UX 评估会话有可能让他 / 她感觉度日如年。我们的目的是从每个用户那里获得尽可能多的信息，而不是让参与者精疲力竭。

如果真的需要超过几个小时的会话，对参与者来说会变得更加难挨。在这种时候，应该做好以下准备活动。

- 提前提醒参与者，要为他们在长时间的会话中可能出现的疲劳做好准备。
- 通过安排任务之间的休息时间来缓解疲劳，参与者可在这些时间里起来走动一下，离开参与者房间，喝点咖啡或吃一些点心。
- 准备一些能量棒和 / 或水果，不要让参与者饿肚子。
- 总是备好水和其他饮料。

2. 完整生命周期迭代的数量

根据我们的经验，一个宽松的经验法则是，每个版本的完整 UX 工程周期迭代的理想数量约为 3，但由于资源的限制，通常会变得更少。许多项目只能期待一次迭代。当然，有迭代总比没有好。

23.7.3 知情同意书

知情同意书是正式的、有参与者签字（或勾选）表示同意的协议书，表明参与者授权同意 UX 专家使用 UX 生命周期活动中收集到的数据，其中通常规定有一些限制。

从人类主体收集实证数据时，我们负有一定的法律和道德责任，即使参与者在 UX 评估中受到伤害的风险很小。

我们还有以知情同意书为中心的专业义务，这是一份明确规定参与者权利的文件，同时也能为你和你的组织提供法律保护。所以，所有参与者（从他们那里收集任何类型的数据的任何人）都要签署知情同意书。

1. 申请知情同意书的许可

准备知情同意书的第一步是向你的机构审查委员会 (institutional review board，IRB) 提出申请。IRB 是在你的组织内负责知情同意的法律和道德方面的官方团体。评估人员或项目经理应准备一份 IRB 申请，具体如下所示。

- 评估计划摘要。
- 完整评估协议。
- 准确描述人类主体将如何参与。
- 对主体/参与者的书面指示。
- 你的知情同意书拷贝。
- 组织要求的其他任何标准 IRB 表格。

由于大多数 UX 评估不会将参与者置于风险之中，所以申请通常会毫无疑问地获得批准。审批过程的细节因组织而异，但可能需要长达数周的时间，并且可能需要修改文件。批准过程基于的是对道德和法律问题的审查，而不是基于你所提议的评估计划的质量。

2. 知情同意书

知情同意书是 IRB 申请的重要组成部分，也是实证 UX 评估的重要组成部分，是必须的，而非可有可无的。要由每位参与者阅读并签署的知情同意书应以清晰易懂的语言说明以下内容。

- 参与者自愿参与评估。
- 预期的评估会话时间长度（在完成试点测试后，评估人员应对会话需要多少时间有所了解）。

- 参与者可随时退出，无论什么理由，或根本不需要任何理由。
- 你要取得参与者帮助生成的数据。
- 数据是匿名取得的 (参与者的姓名或任何其他类型的身份证明都不会在数据被收集后与数据相关联)。
- 参与者理解对于 UX 评估来说，任何可预见的风险或不适都会最小化到零。
- 参与者了解了自己将获得的任何福利 (例如，教育方面的福利或只是帮助做出良好设计的满足感) 和 / 或给参与者的报酬 (如果有付费，请准确说明多少；如果没有，请明确说明)。
- 所有项目 / 评估人员联系信息。
- 他们可随时向评估人员提问。
- 是否会进行涉及参与者的任何类型的记录 (例如，视频、音频、照片或全息成像) 以及你打算如何使用它、谁会看 (和不看) 以及在什么日期之前将其删除或以其他方式销毁。
- 声明如果你准备将所录制的内容中的任何东西 (例如一段视频剪辑) 用于任何其他目的，会事先获得他们额外的书面批准。

同意书还可能包括保密要求。同意书必须阐明参与者的权利以及你希望参与者做什么，即使其中存在和常规指示书的重叠。他们签署的同意书必须是独立的，要说清楚整个事情。

如果参与者也是组织的员工，虽然也许不需要知情同意书，但你同样要谨慎行事。任何情况下都准备好同意书的两份拷贝，供参与者到达时阅读和签字。一份拷贝供参与者保留。

示例：简单的知情同意书

开发项目参与者的知情同意书

< 开发组织的名称 >< 同意书的日期或版本号 > 项目名称：< 项目名称 >

直接参与的项目团队成员：< 团队成员姓名 > 项目经理：< 项目经理姓名 >

1. 你参与本项目的目的：作为 < 项目名称 > 项目的一部分，特此邀请您参与评估和改进 < 系统或产品名称 > 的各种设计，< 系统或产品描述 >。

2. 程序：您将被要求使用 < 系统或产品名称 > 执行一组任务。这些任务包括 < 任务范围描述 >。

您在这些测试中的作用是帮助我们评估设计。我们不会以任何方式评估您或您的表现。当您使用系统执行各种任务时，系统会记录您的操作和评点，并要求您口头描述您的学习过程。在评估期间和之后，您可能会被问一些问题，以澄清我们对您的评估的理解。您可能还会被要求填写与系统使用相关的问卷。

评估会话将持续不超过 4 小时，典型的会话约为 2 小时。任务不是很累，但您可根据需要休息。如果您坚持，可将会话分为两个较短的会话。

3. 风险：本研究的参与者没有已知的风险。

4. 本项目的福利：您参与本项目所提供的信息可帮助我们改进＜系统或产品名称＞设计。 不保证提供更多的福利来鼓励您参与（如提供诸如付款或礼物之类的福利，请修改这句话）。 您不得与候选者池中的其他人讨论评估。

5. 匿名和保密的范围：本研究的结果将严格保密。研究人员需要您的书面同意，才能将可供识别您的身份信息的数据发布给除从事该项目的人员之外的其他任何人。您提供的信息将删除您的姓名，在分析期间，以及在任何书面研究报告中，只有一个主体编号对您进行标识。

会话可能被录制。如果被录制，记录（录音或录像）会被安全存储，仅供项目团队成员查看，并在三个月后删除。如项目团队成员希望将记录的一部分用于其他任何目的，他们会在使用前获得您的书面许可。您在此同意书上的签名不被视为他们向其他人展示您的记录的许可。

6. 报酬：您的参与是自愿且无偿的（如果有付款或礼物等福利，请修改这句话）。

7. 退出的自由：您可以随时出于任何理由退出本研究。

8. 研究批准：本研究已按要求由机构审查委员会＜或您的审查委员会名称＞批准，用于在＜××组织＞中涉及人类主体的项目。

9. 参与者的责任和许可：我自愿同意参与这项研究，并且我知道我没有理由不能参与。我已阅读并理解本项目的知情同意书和条件。我所有的问题都得到了解答。我在此承认上述内容并自愿同意参加该项目。如果我参加，我可以随时退出而不受惩罚。我同意遵守本项目的规则。

签名：   日期：

姓名（请用正楷书写）   联系方式：电话或电子邮件

23.7.4　其他文书

一般说明

概述。在制定评估程序的同时，作为评估人员，要拟定一些介绍性的说明，供每个参与者在会话开始时统一阅读。这样，所有参与者在开始的时候，都对系统和他们要执行的任务具有相同的知识水平。为每位参与者提供的这种制式说明有助于确保不同测试会话的一致性。

细节。这些介绍性的说明应简要解释评估的目的，并简要介绍参与者将使用的系统，并描述参与者将要做什么，以及参与者将要遵循的程序。例如，可说明参与者会被：

- 要求执行评估人员将给出的一些基准任务；
- 允许自由使用系统一段时间；
- 给出一些更多的基准任务来执行；
- 要求完成一个结束问卷 (exit questionnaire)。

明确表示自己并不是在评估参与者。在给参与者的一般说明中，明确本次会话的目的是评估系统，而不是评估他们。应明确地说明："您是在帮助我们评估系统，我们不会对您进行评估！"一些参与者可能担心他们的表现达不到"期望"，或者参加这种测试会话可能会对他们产生不良影响，甚至会被用于他们的绩效评估（例如，如果他们就是正在为其设计的那个组织的员工）。他们应该放心，事实并非如此。在这里，要重申你对个人资料和数据匿名性的保密保证。

让参与者做好出声思考的准备。在你的说明中，告诉参与者你希望他们在操作时出声思考。解释这是什么意思，以及具体如何做，并提供一个非常简短的试运行以供学习。

复印这些一般性的说明，到时候每个参与者人手一份。

1. 保密协议 (NDA)

有时，开发商或客户组织需要 NDA 来保护设计中包含的知识产权。如果你有一份 NDA，就复印出来以供阅读、签名和与参与者共享。

2. 问卷和调查

如评估计划要求管理一份或多份参与者问卷调查，请确保数量要多。最好将空白问卷集中管理，以免新来的参与者提前看到的其他地方。

3. 数据采集表

如有必要，提前制作一个简单的数据采集表。针对你收集的所有类型的定量数据，这个采集表都要包含相应的字段。除此之外，可能还要单独准备用于记录会话期间观察到的关键事件和 UX 问题的一个数据采集表。后者应留出填写补充数据类型的空间，包括相关任务、对用户的影响 (例如，轻微的或任务级的阻塞)、所涉及的 UX 设计规范、设计问题的潜在原因、相关的设计师认知 (例如，它本来应该如何工作) 等。数据采集表应保持简单，而且拿起来就可使用。可考虑在笔记本电脑上使用电子表格。

23.7.5　培训材料

只有预计最终系统的用户可以使用，而且有必要使用一份用户手册、快速参考卡或其他任何类型的培训材料，才向参与者提供培训材料。

23.7.6　UX 评估会话工作包

总之，在进行本章描述的评估准备和计划时，需要收集并整理好自己的评估活动工作包，即每次评估会话都需要用到的材料。这个包的一些内容列举如下。

- 评估配置计划，包括房间、设备以及担任评估角色的人员的图示。
- 一般说明书。
- 知情同意书，写好参与者姓名和日期。
- 可能的保密协议 (NDA)。
- 所有问卷和调查，包括任何人口统计调查。
- 所有打印好的基准任务描述，每张纸一个任务 (22.6.4.1 节)。
- 所有打印好的未度量任务描述 (一页可列出好几个)。
- 对设计的特定部分、评估脚本、每个参与者会话之前要做的事情的特殊说明 (例如，重置浏览器缓存，确保上一个参与者会话的自动完成项不会干扰当前会话) 等。
- 为每个评估人员都准备好与当天会话相关的 UX 目标的一份打印件 (或笔记本版本)。
- 所有数据采集表，纸质或笔记本电脑上的都可以。
- 为了支持任务所需的任何道具。
- 任何作为评估一部分而使用的培训材料。
- 任何要发放的报酬 (例如，钱、礼品卡、T 恤、咖啡杯或二手车)。

练习 23.1：为系统进行实证 UX 评估准备

目标：练习为一次简单的实证评估做好准备。

活动：如果是团队协作，请召集你的团队。

决定团队成员的角色。至少包括一名协助人和一名原型执行者，以及一名定量数据记录员和一名或多名关键事件记录员。

此外，如果和其他团队一起在课堂上做这个练习，请在下个练习开始数据收集时，指定两名团队成员作为参与者与另一个团队进行交换。

原型执行者应拿到你在之前的一个练习中制作的线框原型堆，并熟悉导航。

该活动适合四人左右的团队。如团队有更多或更少的成员，也很容易调整。例如，如果只有两个人，那么一个人作为执行者，另一个记录关键事件并为基准任务计时。如果有四五个人，额外的人可帮助记录关键事件。如之前的练习都是你一个人在做，这次就可能需要找几个人来帮你完成评估。此外，无论如何都要招聘两个人来作为参与者以评估你的原型。

取出你在之前的练习中制作的 UX 标的表 (UX target table)。

至少两个你在之前的练习中创建的基准任务，每个都单独用一张纸写。

假定你要在评估会话中为主观数据使用一张问卷，就准备好问卷的拷贝，每个参与者一份，圈出你希望参与者回答的问题。

最后检查你的评估协议。

可交付成果：为下个练习（数据收集）做好全部准备即可。

时间表：评估准备应该花不了太长时间。

| 主观 UX 评估数据 |
| subjective UX |
| evaluation data |

基于评估人员或用户的意见或判断的数据（21.1.4.2 节）。

23.7.7 做最后的试点测试：查漏补缺

如果 UX 评估计划要用到一个原型，请对其进行最后的试验，确保它足够牢靠，能支持评估而不会中断。如果原型会被 UX 团队以外的人看到，这一步就真的适用于任何级别的保真度。

除了试验原型的可选性，还可将试点测试 (pilot testing) 视为一个彩排，确保实验室设备、基准任务、程序和人员角色都能到位。

如果真正的用户参与者来了，却发现原型坏了，无法测试基准任务表现，那可真就太尴尬了。

让团队的一名成员"执行"原型，另一名成员扮演"用户"，并尝试所有基准任务来模拟用户体验评估情况。扮演用户的人应以尽可能多的方式完成每个任务，尽量将各种意外问题提前暴露出来。不要假设用户的表现不会出任何问题；尝试在可能发生用户错误的地方提供适当的错误消息（出错提示）。

第 24 章

实证 UX 评估：数据收集方法和技术

本章重点

- 在需求金字塔内生成和收集数据的实证方法
- 生成和收集 UX 评估数据的实证方法和技术
- 生成和收集定性 UX 数据的实证方法和技术：
    - 关键事件识别
    - 用户出声思考技术
- 生成和收集定量 UX 数据的实证方法和技术
- 生成和收集情感影响和意义性数据的方法和技术
- 实证数据收集程序：
    - 与参与者的预热
    - 会话协议
    - 数据收集
- 生成和收集定性 UX 评估数据的快速实证方法

24.1　导言

24.1.1　当前位置

每章的开头，都会以"当前位置"(You Are Here) 为题，介绍本章在"UX轮"(The Wheel) 这个总体 UX 设计生命周期模板背景下的主题 (图 24.1)。本章要介绍如何为实证 UX 评估收集数据。

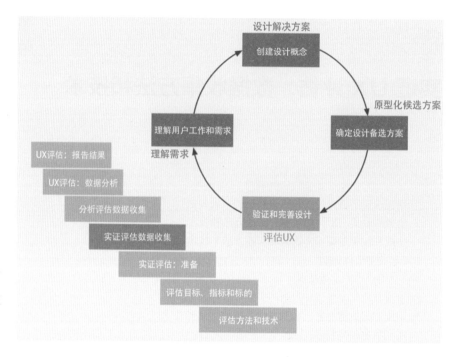

图 24.1

当前位置：在总体 UX 生命周期过程的"评估 UX"生命周期活动中进行实证数据收集。整个轮对应的是总体的生命周期过程

24.1.2　在需求金字塔内生成和收集数据的实证方法

之前说过，UX 需求金字塔有以下三层 (从下到上)：

- 生态
- 交互
- 情感

本章几乎所有实证数据收集方法和技术都可用于在需求金字塔的任何层、任何范围和任何严格度内进行的 UX 评估。

最重要的是，UX 评估章 (第 21 章到第 27 章) 的几乎所有内容都适用于交互层。本章许多主题通常也和情感层的评估相关，我们届时会专门指出。此外，还有一整节 (24.4 节) 专门讲述了对情感层进行评估的具体方法。最后还剩下的就是生态层，这是下一节的主题。

和往常一样，早期漏斗最适合生态层的评估，在那里有很大空间来包含产品或系统生态及其概念设计。后期漏斗最适合交互层的评估，可在这里处理任务级设计中的用户操作。

在生态层生成和收集 UX 评估数据的实证方法和技术

生态概念有时难以评估。由于生态学关于的是更广泛的系统如何运作，以及它所包含的各种设备和环境，其设计问题在本质上往往是高级别的，一般来说是抽象的。所以，对生态的概念设计进行评估的度量工具要将重点放在总体系统如何运作的主题和结构上。

对生态设计的评估有下面两个主要目标。

- 确定用户是否理解生态的构造方式。
    - 评估是否通过概念设计清楚传达了设计师的心智模型。
    - 评估用户是否能因此形成清晰的心智模型。
- 确保用户能在新生态中完成工作。评估生态的概念设计是否适合其工作环境。

评估用户理解。评估第一个目标的有效方法是首先向用户介绍系统的生态，并让他们通过对单独的设计执行基准任务来熟悉。这通常涉及构成生态的所有设备上的 UX 设计原型。

在他们熟悉各种设备及其功能后，要求他们阐明总体系统的工作方式来解决第一个目标。为了观察他们是否理解，可通过一个特定的任务要求他们向加入团队的新同事解释系统如何工作。

具体地说，可提出下面这些问题："你怎样向从未见过该系统的人描述它？这个系统的底层"模型"是什么？这个模型合适吗？它哪个地方不对？它符合你的期望吗？为什么符合？怎么符合？为确定用户是否形成了该系统清晰的心智模型，这些问题是最基本的。

评估理解的另一个方法是在一种设备上执行了基准任务后，询问他们对于在另一种设备上的后果的预期。这有助于探索他们关于两个设备如何协同工作的心智模型。例如，当他们在桌面上保存记录后，可询问他们希望在智能手机或手表上看到什么，从而判断他们对于什么平台会提供什么的预期。

评估工作环境的适宜程度。第二个目标是评估设计是否适合给定的工作实践，这是一个更加以任务为中心的问题——关于的是用户在生态中能多好地完成工作。这时的基准任务需要用户在生态中的各种设备之间进行切换。该目标还需要与参与生态有关的任务（例如注册或创建账户）。在一台设备上启动，中断，然后在另一台设备上恢复，这种任务有助于评估用户期望跨设备维护什么上下文。问卷是另一种评估工具，可向用户询问他们对生态中每种设备的能力有什么期望。

24.2   生成和收集定性 UX 数据的实证方法和技术

定性 UX 评估数据
qualitative UX
evaluation data

用于查找和修复 UX 问题的非数值描述性数据，例如通过观察用户任务表现所得 (21.1.4.1 节)。

目前，定性数据收集是所有 UX 实践中最重要的一种评估数据。形成性 UX 评估的目标就是为了确定 UX 问题及其原因以便改进设计。在和参与者一起进行的实证测试中，这一目标是通过定性 UX 数据来实现的；而这种数据主要通过观察和记录关键事件 (下一节) 以及使用出声思考技术收集的。

24.2.1   关键事件识别

和出声思考技术一样，关键事件识别可以说是实证数据收集技术的真正主力。作为一种实证数据收集技术，它基于参与者或评估人员对代表糟糕用户体验 (通常如此) 的事件的检测与分析。

出声思考技术
think-aloud technique

一种定性的实证数据收集技术，参与者口头表达对交互体验的想法，包括他们的动机、理由和对 UX 问题的看法。在识别 UX 问题时特别有用 (24.2.3 节)。

1. 什么是关键事件

虽然收集和分析关键事件的程序存在一些差异，但研究人员和从业人员已就关键事件的定义达成了一致。关键事件 (critical incident) 是在使用过程中发生的事件，它揭示了用户遇到的障碍、问题或困难，或者纯粹就是用户不喜欢的事情 (Castillo and Hartson, 2000; del Galdo, Williges, Williges, and Wixon, 1986)。

参见 28.7 节，进一步了解关键事件识别技术的历史和背景。

2. 主要用作变体

在当今的实践中，并不存在单一的关键事件识别技术，但每个 UX 评估人员都会改编出最适合当前需求的一个变体。参见 28.7.2 节，进一步了解此技术的应用。

3. 谁来识别关键事件

为简单起见，在我们对关键事件数据收集技术的解释中，UX 评估人员是识别和记录关键事件数据的人。参见 28.7.3 节，进一步了解由谁来识别关键事件。

24.2.2   关键事件数据捕获

收集和记录关键事件数据的方式对后续数据分析的准确性和效率有很大影响。尽可能清晰、准确、完整地实时记录简明扼要 (concise but detailed)

的关键事件和 UX 问题描述。过于简单的笔记日后更难解释。

最好的关键事件数据具有以下特点。

- 详细。
- 在使用过程中观察。
- 立即被捕获。
- 与特定的任务表现密切相关。

关键事件数据转瞬即逝。实证 UX 评估之所以有效，最大的原因是它能即时捕获与使用相关的详细数据。若在使用过程中出现时没有被立即准确地捕获，这些数据就会失去。而为了隔离出用户 UX 设计的特定问题，这些数据至关重要。

有的时候，关键事件数据很不容易察觉。老练的 UX 评估人员知道如何从不起眼的用户行为中看出关键事件，比如犹豫、参与者随口的一句评点、摇头、轻微耸肩或者用手指敲桌子。此时若及时要求澄清，可能有助于确定这些不起眼的反应是否应被视为 UX 问题的症状。

28.7.4 节进一步讨论了关键事件数据捕获的时机和评估人员的意识区。

1. 关键事件数据中有什么

在和一个 UX 问题有关的关键事件数据中，应包含尽可能多的细节，包括以下使用研究信息：

- 用户的一般活动或任务。
- 涉及的对象或工件。
- 立即导致严重事件的具体用户意图和操作。
- 关键事件发生时，用户本来对系统有什么期望。
- 反而发生了什么。
- 尽可能多地说明用户当时的心理和情绪状态。
- 指出用户是否能从严重事件中恢复；如果能，描述用户如何恢复。
- 对问题的其他意见或建议的解决方案。

2. 避免录像

过去几年，一些 UX 实验室经常通过录制视频来捕获所有用户和屏幕操作以及协调人和参与者的评点，从而捕获识别关键事件所需的原始数据。然而，大多数拍摄环境都十分繁琐、复杂、昂贵，而且通常不可靠。审查视频既费时又费钱。

今天的 UX 实践需要更轻量级和灵活的数据收集技术。

3. 手动记录关键事件数据

相反，手动记录是最基本的关键事件捕获技术，也是最有用和最有效的方法。评估人员使用笔记本电脑或纸笔进行全面、实时的原始关键事件记录。如果来不及写，可用手持数字录音机给自己做一个录音，或使用任何能在原始数据仍然新鲜的情况下将其捕获的工具。

4. 相信直觉

在 UX 评估过程中，如直觉设计有什么地方不对，即使数据没有明确地显示，也不应放过它。相反，要积极地跟进。

24.2.3   出声思考数据收集技术

"出声思考"是一种定性数据收集技术，在早期的人因相关文献中，也称为"口头协议"。顾名思义，用户参与者口头表达对交互体验的想法，包括他们的动机、理由和对 UX 问题的看法。通过这种技术，我们能了解参与者的所思所想，使我们能理解他们对任务和 UX 设计的看法、期望、策略、偏见、喜欢和不喜欢。在被用于可用性工程之前，这种简单技术的各种变体早就根植于心理和人因实验中 (Lewis, 1982)。

1. 为什么使用出声思考技术?

出声思考技术对于分析师和参与者来说都很简单。它在用户任务表现的实证评估期间最有用，但在参与者演练原型，或帮你进行 UX 检查时也很有用。Nielsen(1993, p. 195) 说："出声思考可能就是那个最有价值的可用性工程方法。"它能有效获知用户意图，他们正在做什么或正要尝试做什么，以及他们的动机，即他们执行任何特定操作的理由。出声思考技术在评估情感影响方面也很有效，因为情感影响是内心感受到的，而出声思考技术正好能反映用户内心的想法和感受。

在参与者尝试执行任务的评估会话期间，观察数据确实很重要。但通常相当多真实的 UX 问题数据隐藏在参与者的头脑中，无法观察。究竟是什么导致了犹豫？为什么该参与者认为这是一个问题或障碍？出声思考技术的目标是发掘出隐藏在参与者头脑中的数据。

2. 使用出声思考技术如何管理参与者

虽然有一些要点需要注意，但这种技术再简单不过了。它只需要让参与者在执行任务或以其他方式与所评估的产品或系统进行交互时，出声思

检查
Inspection(UX)

一种分析评估方法，UX 专家通过观察或尝试来评估交互设计，有时会在一套抽象的设计准则的背景下进行。评估人员既是参与者的代理人 (participant surrogates)，也是观察者，他们会思考什么会对用户造成问题，并就预测的 UX 问题给出专业意见 (25.4 节)。

情感影响
emotional impact

用户体验的情感部分，影响用户的感受。这些情感包括快乐、愉悦、趣味、满意、美学、酷、参与和新颖，而且可能涉及更深层的情感因素，例如自我表达 (self-expression)、自我认同 (self-identity)、对世界做出了贡献以及主人翁的自豪感 (1.4.4 节)。

考并口头分享其想法。以下是涉及参与者的处理方法。

- 在开始的时候，向参与者解释出声思考是什么意思。
- 说明这意味着你期望他们在工作和思考时说话，和你口头分享他们的想法。
- 让参与者告诉你他们在想什么，而不是告诉你他们在做什么。
- 可以先进行一些练习以热身，让参与者习惯于出声思考。
- 应鼓励参与者口头表达的想法包括他们的打算 (意图)，他们当时正在做什么或正想尝试做什么，以及他们的动机 (为什么要这么做)。
- 鼓励他们跳过健谈的阶段，开始真正的参与和思考。
- 你尤其希望他们在感到困惑、沮丧或受阻时大声说出来。
- 如果参与者不愿意，积极征求他们的意见。

出声思考通常是很自然的一种行为，因而不需要太多练习 (但也因人而异)。有时，可能需要鼓励或提醒参与者继续出声思考。

3. 共同发现出声思考技术

可尝试以团队的方式使用两个或更多参与者，该技术起源于 O'Malley, Draper, and Riley(1984)，并被 Kennedy(1989) 命名为"共同发现"(codiscovery)。

对一个孤独的参与者来说，出声思考可能有点不自然和压抑，本质上就是自言自语。但如果是和另一个人自然展开对话，有些话就更容易说出来 (Wildman, 1995)。单个参与者可能记不住要说出来，但和伙伴一起就很自然。

Hackman and Biers(1992) 发现，使用多个参与者虽然稍微贵一些，但他们说话的时间也会更多。更重要的是，参与者团队花更多的时间来口头表达，对设计师来说能提供很高价值的反馈。

4. 在实证评估中，出声思考是否会影响定量的任务绩效指标？

这取决于参与者。一些参与者能在工作时自然谈论他们在做什么。对于这些参与者，出声思考技术和要度量的基准任务一起使用，通常不会影响任务绩效 (亦称任务表现或任务性能)。

24.3　生成和收集定量 UX 数据的实证方法和技术

之前说过，定量数据在 UX 评估中用得不多。

24.3.1　用于度量用户表现的客观定量数据

但是，如确实需要定量数据，最流行的定量数据收集技术涉及对基准任务的用户表现 (用户性能) 的度量，通常在收集定性数据的同时完成。

例如，评估者可度量参与者执行一个任务所需的时间，统计参与者在执行任务时犯的错误数，统计参与者在给定时间段内可以执行的任务数……，具体取决于在 UX 标的 (第 22 章) 中建立的度量。

1. 为任务表现计时

到目前为止，度量任务时间最简单的方法是手动使用秒表。对于低保真原型 (例如点击式线框原型) 来说，这确实是唯一有用的方法。

对于需要精确计时的极少数情况，可嵌入软件计时器以在内部对软件进行检测。

2. 统计用户错误数

在任务执行期间统计用户错误的话，最简单的方法是使用一个手动事件计数器，就像统计入园人数时过一个人就按一次的那种计数器。手动计数器非常适合低保真原型，尤其是纸原型。

正确统计错误的关键在于了解什么才算错误。在执行一个任务的过程中，并非所有出错的事情 (乃至于用户做错的所有事情) 都算成用户错误。那么我们在寻找什么？在预期设计的边界内，若用户采取的一项行动没有导致任务执行的进展，通常就认为发生了用户错误。相反，若纯粹是因为原型功能的不完善而导致出现这种情况，就不能被算成用户错误。

3. 哪些一般不被算成用户错误

通常，我们不会将访问联机帮助或其他文档视为错误。实际上，我们还希望排除用户可能产生的任何随机的好奇心或探索行为 (例如，"我知道这不对，但我很好奇如果点击这个会发生什么")。此外，若用户"发明"了一个不同的成功路径，并不算是真正的错误，但可能应被记录为一个重要的观察结果。

而且，我们通常不包括"哎呀"错误，也就是 Norman(1990, p. 105) 所说的"slips" (无心之过)。这些是用户无意中犯的错误，他们本来做得更好。例如，用户知道哪个按钮是正确的，但点击了错误的那个，可能是因为手滑、脑抽或仓促。最后，我们通常不包括打字错误，除非它们的原因可通过某种方式追溯到设计中的问题，或者应用程序本身就和打字有关 (22.6.2.5 节)。

24.3.2　主观定量数据收集：问卷

问卷是收集主观 UX 数据的一种快速简便的方法，可作为其他任何快速 UX 评估方法的补充，也可以作为一种独立的方法。

一些问卷已积累了良好的口碑，例如用户界面满意度问卷 (Questionnaire for User Interface Satisfaction，QUIS)、系统可用性量表 (System Usability Scale，SUS) 或有用性、满意度和易用性 (Usefulness, Satisfaction, and Ease of Use，USE)。这些问卷都易于使用且成本低廉，而且可以生成不同程度的 UX 数据。或许 AttrakDiff 问卷是快速独立方法的最佳选择，因其旨在解决实用性 (可用性和有用性) 和情感影响问题。本节最后会进一步讨论所有这些问卷。

1. 问卷作为基于实验室的会话的补充

会后 (postsession) 问卷可为你在会话中客观发现的内容提供补充。大多数时候都以书面形式答卷，但也可考虑口头提出要调查的问题以收集会后信息。通过直接的口头交流，你可以随时追问以了解感兴趣的主题。

2. 问卷作为独立的评估方法

如单独用作一种评估方法，问卷也可作为主要的 UX 数据收集工具使用。问卷可包含有关总体用户体验的探索性问题。虽然问卷主要用于评估用户满意度，但也可包含一些有效的问题，专门评估更广泛的情感影响和设计有用性。

问卷是一种自陈式 (self-reporting) 的数据收集技术，而且就像 Shih and Liu(2007) 说的，语义差异问卷 (见下一节) 最常用，因为它们是一种独立于产品的方法，可生成可靠的定量主观数据。这种问卷的管理成本不高，但需要一定的技巧来创建，确保数据有效和可靠。

3. 语义差异量表

语义差异量表 (semantic differential scale) 或李克特量表 (Likert 量表) (1932) 是对属性进行描述的一个语义值范围。量表上每个值都代表该属性的不同等级。量表上每个方向的最极端值称为锚 (anchor)。然后对量表进行划分 (通常是等分)，两个锚之间的点划分了两个锚的含义之间的差异。

主观 UX 评估数据
subjective UX evaluation data

基于评估人员或用户的意见或判断的数据 (21.1.4.2 节)。

情感影响
emotional impact

用户体验的情感部分，影响用户的感受。这些情感包括快乐、愉悦、趣味、满意、美学、酷、参与和新颖，而且可能涉及更深层的情感因素，例如自我表达 (self-expression)、自我认同 (self-identity)、对世界做出了贡献以及主人翁的自豪感 (1.4.4 节)。

有用性
usefulness

用户体验的一个组成部分，基于实用性(utility)。有用性强调系统的功能，它为你赋予了使用系统或产品实现工作 (或游戏) 目标的能力 (1.4.3 节)。

锚之间 (包括锚自身) 离散点的数量称为量表的颗粒度 (granularity)，即允许用户选择的属性等级数。如果为每个数值都包含了相关的文字 (或图形) 标签，那么会很有帮助。

例如以下问卷调查中的一个问题："本网站的结账流程很好用。"相应的语义差异量表可能包含以下标签：强烈同意、同意、中立、不同意和强烈不同意，关联的数值分别是：+2，+1，0，-1 和 -2。

4. 用户界面满意度 (QUIS) 问卷

QUIS 由马里兰大学开发 (Chin, Diehl, and Norman, 1988)，是最早的用户满意度评估问卷之一。 当时，它是用于确定主观交互设计可用性最全面和验证得最彻底的问卷。

QUIS 围绕诸如屏幕、术语和系统信息、学习和系统功能等常规类别进行组织。每个这些常规类别都有一组关于详细功能的问题，每个问题都有一个李克特量表可供参与者打分。它还抽取了一些人口统计信息以及关于正在评估的交互设计的一般用户评点。许多从业人员用他们自己的一些问题补充了 QUIS，这些问题是其评估的交互设计所特有的。

原版 QUIS 有 27 个问题 (Tullis and Stetson, 2004)，但后来进行了许多扩展和变化。虽然 QUIS 最初是为基于屏幕的设计而开发的，但它有一定的弹性，可以轻松扩展。例如，可将"系统"替换为"网站"，将"屏幕"替换为"网页"。

从业人员可采用任何合理的方式自由使用 QUIS 问卷调查的结果。我们经常利用该工具计算平均分数，为所有参与者对于问卷特定子集的所有问题的回答求平均分。每个这样的子集都对应一个 UX 标的 (UX target) 中的目标 (goal)，而且该问题子集的平均分会与 UX 标的表中设定的标的表现值 (target performance value) 进行比较。

虽然 QUIS 相当全面，但这个问卷可以在相对较短的时间内完成。多年来，我们一直在用 QUIS 的一个子集作为教学和咨询时使用的问卷。

据我们所知，QUIS 仍在更新和维护中，可从马里兰大学技术联络办公室获得许可，费用不高（http:/lap.umd.edu/quis/ ）。表 24.1 展示了一个从 QUIS 中摘录并经许可改编的样本，具有相当普遍的适用性，至少对桌面应用如此。一列是要评估的 UX 属性，另一列是两个极端语义锚。

表 24.1　QUIS 摘录（已获使用许可）

1. 和任务领域相关的术语	远—近
2. 对任务进行描述的指示	困惑—清楚
3. 指示一致	从不—总是
4. 和任务相关的操作	远—近
5. 有用的反馈	从不—总是
6. 显示布局简化了任务	从不—总是
7. 显示的顺序	困惑—清楚
8. 错误提示消息有帮助	从不—总是
9. 错误纠正	困惑—清楚
10. 学习操作	难—易
11. 人脑记忆力有限	不堪重负—轻松记忆
12. 对功能的探索	不鼓励—鼓励
13. 总体反应	糟糕—出色
总体反应	沮丧—满意
总体反应	无趣—有趣
总体反应	沉闷—刺激
总体反应	难—易

5. 系统可用性量表 (SUS)

SUS 由约翰·布鲁克 (John Brooke) 在 DEC 工作期间开发 (Brooke, 1996)。SUS 问卷包含 10 个问题。作为普通问卷一个有趣的变体，SUS 交替使用正面措辞和负面措辞的问题，以防止回答者不过脑地快速作答。

这些问题以简单的陈述句的形式提出，每个问题都有一个以"非常不同意"和"非常同意"作为锚的 5 点李克特量表，取值为 1 ～ 5。这 10 个陈述句如下 (使用已经许可)。

- 我愿意经常使用这个系统。
- 我发现这个系统过于复杂。
- 我认为系统用起来容易。
- 我认为我需要专业人员的帮助才能使用这个系统。
- 我发现这个系统的各种功能很好地整合在一起了。
- 我认为系统中存在大量不一致。
- 我认为大多数人都能很快学会使用这个系统。

- 我认为这个系统使用起来非常麻烦。
- 我在使用这个系统时非常有信心。
- 在使用这个系统前我需要学许多东西。

SUS 中的这 10 个项目是从 50 种可能性的一个列表中选出的，选择的依据是它们感知的辨别能力 (perceived discriminating power)。

SUS 的优点在于健壮，被广泛使用，有广泛的适应性，而且处于公有领域 (public domain)。它一直是一种非常受欢迎的、为客观 UX 数据提供补充的问卷，原因是它适合 UX 生命周期的任何阶段，而且在行业环境中贴近实用。SUS 是技术独立的；可用于广泛的系统、产品和交互风格；并且对于分析师和参与者来说都是快速而简单的。单一的数字打分 (稍后详述) 很容易为大家所理解。根据 Usability Net(2006) 的说法，它是所有公开问卷中最受推荐的。

客观 UX 评估数据
objective UX evaluation data
通过直接实证观察获得的定性或定量数据，通常是关于用户表现的数据 (21.1.4.2 节)。

6. 有用性、满意度和易用性 (USE) 问卷

为了衡量对于许多不同领域的用户来说最重要的几个可用性维度，Lund (2001, 2004) 开发了 USE，这是一种从三个维度评估用户体验的问卷：有用性、满意度和易用性。USE 基于一个 7 点李克特量表。

按照作者的说法，他通过一个因子分析 (factor analysis) 和偏相关 (partial correlation) 的过程选择包含到 USE 中的问题。

USE 已成功应用于系统、产品和网站。它处于公有领域，对用户和从业人员都具有良好的表面效度 (face validity)，换言之，它直觉上看起来正确，人们认为它应该有效。

下面是 USE 问卷问题的简化版。

有用性

- 它使我更有效。
- 它提高了我的生产力。
- 它有用。
- 它为我生活中的各种活动提供了更多控制。
- 它使我更容易完成要做的事情。
- 使用它节省了我的时间。
- 它满足我的需要。
- 它可以执行我期望它做的所有事情。

易用性

- 它容易使用。
- 它用起来简单。
- 它对用户友好。
- 我用它做的事情只需要最少的步骤。
- 它灵活。
- 它用起来不费力气。
- 没有手册我也会用。
- 使用过程中，我没有发现任何不一致。
- 不管偶尔使用还是经常使用，都喜欢用它。
- 我可以快速和方便地从错误中恢复。
- 每次我都能成功使用它。

易学性

- 我很快就学会使用了。
- 我很容易记住如何使用。
- 学起来容易。
- 很快就能熟练使用了。

满意度

- 我对它感到满意。
- 我会把它推荐给朋友。
- 使用起来有趣。
- 它如我所想地工作。
- 它很出色。
- 我感到我需要拥有它。
- 用起来很愉快。

7. 其他问卷

以下是超出本书范围，但某些读者可能会感兴趣的其他一些调查问卷。

常规用途的可用性问卷

- 计算机系统可用性问卷 (Computer System Usability Questionnaire，CSUQ)，由 IBM 的詹姆斯·刘易斯 (James Lewis) 开发 (Lewis, 1995, 2002)，广受好评并已经进入公有领域。

- 软件可用性度量清单 (Software Usability Measurement Inventory, SUMI) 是 "一种经过严格测试和验证，从最终用户的角度度量软件质量的方法"。按照 Usability Net 的说法 [①]，SUMI 是 "一种成熟的问卷，其标准化库和手册定期更新。" 它适用于从桌面应用到大型领域复杂 (domain-complex) 应用的一系列应用程序类型。
- 由 IBM 开发的情景后问卷 (After Scenario Questionnaire，ASQ) 已进入公有领域 (Bangor, Kortum, and Miller, 2008, p. 575)。
- 由 IBM 开发的后测系统可用性问卷 (Post-Study System Usability Questionnaire，PSSUQ) 已进入公有领域 (Bangor et al., 2008, p. 575)。

Web 评估问卷

- 网站分析和度量清单 (Website Analysis and MeasureMent Inventory，WAMMI) 是 "一份简短但非常可靠的问卷，可告诉你访问者对网站的看法"，Human Factor Research Group(2010)。

多媒体系统评估问卷

- 多媒体系统可用性度量 (Measuring the Usability of Multi-Media Systems，MUMMS) 是 "设计用于评估多媒体软件产品的使用质量" 的一份问卷，Human Factor Research Group(1996)。

强调情感影响的评估问卷

- Lavie and Tractinsky(2004) 问卷。
- Kim and Moon(1998) 带差异情感量表的问卷。

8. 为评估修改问卷

作为对数据收集技术进行调整的一个例子，可以自己动手做问卷，也可以修改现有问卷供自己使用。

- 选择问题的一个子集。
- 更改一些问题的措辞。
- 添加自己的问题以强调自己的关注。
- 使用不同的量表值。

在任何量度值不以零为中心的问卷中,可考虑将量度设为诸如-2,-1,0, 1，2 的值，确保以中性值零为中心。如现有的某个量表的打分点数量是一

---

① http://www.usabilitynet.org/tools/r_questionnaire.htm

个奇数,可将其修改为偶数,迫使受访者只能选择中间值的这一侧或那一侧,但这不是必须的。

最后,任何问卷若只是基于语义差异量表(李克特量表),就会有个缺点,即不允许参与者说明为什么要给出这个评定。而要想了解哪些设计特性有效、哪些无效以及如何以改进设计,评定原因又非常重要。所以,建议考虑为每个问题留一个自由发挥的空间,并注明“如重要,请描述你给出这个评定的原因。”

9. 修改用户界面满意度问卷

我们发现,QUIS 的改编版运行良好。在这个改编版中,我们将每个问题的量表粒度从 12 个选择 (0-10 和 NA,NA 是 not available 的意思) 缩减为 6 个 (-2、-1、0、1、2 和 NA),从而减少了参与者面对的选择数量。我们认为,中间值零是一个合适的中性值,负的量表值对应负面用户意见,正的量表值则对应正面用户意见。

10 修改系统可用性量表

Bangor et al(2008) 在研究 SUS 的过程中为问卷提供了一个额外的有用项目,可把它作为问卷的一个总体质量问题,它基于的是一个特殊的形容词。不是使用“非常不同意”和“非常同意”这两个极端,用该形容词来陈述就是:“总的来说,我认为这个产品的用户友好性是不能更差 (worst imaginable)、差 (awful)、一般 (poor)、尚可 (ok)、好 (good)、出色 (excellent) 或不能再好 (best imaginable)。”

“用户友好性”(user-friendliness) 一词可更改为其他内容,例如“可用性”或 “UX 质量”。 在 Bangor et al.(2008) 的研究中,对这一附加项目的打分与问卷原始 10 个项目的分数有很好的相关性。所以,如果想最省事,这道题可用作 SUS 分数的一个软估计 (soft estimator,意思就是粗略估量)。

如果担心问卷的有效性,请参见 21.4.1.3 节。

24.3.3　生成和收集情感影响和意义性数据的方法和技术

本节描述一系列用于收集情感影响 (emotional impact) 和意义性 (meaningfulness) 数据的技术,按专业程度从低到高列出。在具体的 UX 评估实践中,可能永远不需要用到其中较高专业程度的技术,这里之所以列出它们,只是考虑到内容的完整性。

24.3.4　最重要的技术：直接观察

采用更专业的情感影响和意义性技术之前，最好先在使用关键事件识别和出声思考技术的过程中，尝试留意情感影响和意义性的迹象。

与自陈 (self-reporting) 技术相反，UX 从业人员可直接观察参与者在使用时对情感影响的生理反应来发现情感影响的迹象。使用期间可能时常发生标志着情感影响的用户行为，包括手势和面部表情，例如短暂的鬼脸或微笑；以及肢体语言，例如敲击手指、坐立不安或挠头。

可通过一些迹象来识别情绪影响："口头和非口头语言、面部表情、行为等" (Shih and Liu, 2007 引用 Dormann, 2003)。请参见 Tullis and Albert (2008, p. 170) 来获得了一个"可用性测试观察表" (Usability Test Observation Form)，其中列出了观察期间需注意的口头和非口头行为。

观察或测量使用事件的生理反应时的一个难点在于，通常无法将生理反应与特定情感及其交互行为的原因联系起来。

28.8.1 节将进一步讲述如何直接观察作为一种情感影响迹象的生理反应。

24.3.5　用于收集情感影响数据的口头自陈技术

除了在一般的定性数据收集中观察情感影响和意义性的迹象之外，一种更常用和不太复杂的技术是通过口头技术 (verbal techniques，例如出声思考技术或问卷调查) 进行自陈。

1. 使用出声思考技术评估情感影响

我们已讨论过使用出声思考技术来捕获参与者对交互、关键事件和 UX 问题的看法。利用出声思考技术，还可以很好地了解用户的情感。由于用户出声思考也是一种自陈 (self-reporting) 技术，所以这里添加了一些细节。

取决于交互的性质，情感影响的迹象在任务执行期间不一定经常出现，可能主要把它们视为寻找其他 UX 问题迹象时的副产品。所以，在观察任务表现的过程中，如确实遇到了一个情感影响的迹象，肯定要把它记下来。还可在出声思考技术中将情感影响因素作为主要的关注点。

- 向参与者解释出声思考的概念时，确保他们明白你想要包括因为交互和使用而产生的各种情感。
- 向他们解释，这意味着你希望他们在工作和思考时，与你分享他们的情绪和感受。
- 和使用出声思考技术捕获定性 UX 数据时所做的一样，可以先从一些练习开始，确保参与者都了解了技术。

- 和之前一样，主要通过书面或键入的笔记来捕获出声思考数据。
- 也和之前一样，偶尔可能需要提醒参与者别忘了出声思考。

在交互流程期间，注意以下几点。

- 可引导参与者将他们的重点集中在关于使用的快乐、美学、趣味等方面的评点上。
- 应观察并注意情感影响更明显的迹象，例如"我喜欢这个"和"这真的很酷"和"哇"等表述，当然也要关注他们是不是觉得烦恼或生气。
- 应敏感地发现情感影响何时变得平淡，他们何时似乎失去了兴趣；问参与者原因以及如何改进。

最后要提醒一下文化依赖性 (cultural dependency)。大多数情感本身在所有文化中都差不多，而且情感的非口头表达 (例如面部表情和手势) 是通用的。但是，文化和社会因素可能抑制个人就情感进行交流的意愿。不同文化背景下的人可能对情感的含义以及向他人分享和揭示情感的适当性有不同的说法和不同的观点。

2. 问卷作为收集情感影响数据的自陈技术

关于情感影响的问卷允许你根据任何情感影响因素 (例如使用的快乐、趣味性和美感) 向参与者提出探索性问题，使用户能表达他们对这部分用户体验的感受。

问卷作为一种自陈技术具有主观性、定量性和产品无关性，优点是方便从业人员和用户使用，价格低廉，适合从最早的设计草图和模型到完全可运行的系统。另外，它具有良好的表面效度 (face validity)；换言之，它直觉上看起来正确，人们认为它应该有效 (Westerman, Gardner, and Sutherland, 2006)。

> **主观 UX 评估数据**
> subjective UX evaluation data
> 基于评估人员或用户的意见或判断的数据 (21.1.4.2 节)。

3. AttrakDiff 问卷作为一种收集情感影响数据的口头自述技术

AttrakDiff(现 为 AttrakDiff2) 由 Hassenzahl, Burmester, and Koller(2003) 开发，专门用于了解用户情感影响，是一种基于李克特 (语义差异) 量表的问卷。

考虑使用 AttrakDiff 问卷的理由如下。

- AttrakDiff 可免费使用。
- AttrakDiff 简短且易于管理，并且语言量表 (verbal scale) 易于理解

(Hassenzahl, Beu, and Burmester, 2001; Hassenzahl, Platz, Burmester, and Lehner, 2000)。

- AttrakDiff 得到了研究和统计验证的支持；虽然只有德语版的 AttrakDiff 得到验证，但没理由认为其他语言的版本无效。
- AttrakDiff 有成功应用的记录。

示例：AttrakDiff 问卷及其变体

经许可，我们这里展示了 Hassenzahl，Schobel and Trautman(2008, Table 1) 的完整 AttrakDiff 问卷，每个量表项都附有语义锚：

- 实用性质量 1：可理解—不可理解。
- 实用性质量 2：支持—妨碍。
- 实用性质量 3：简单—复杂。
- 实用性质量 4：可预测—不可预测。
- 实用性质量 5：清楚—混乱。
- 实用性质量 6：值得依赖—可疑。
- 实用性质量 7：可控制—不可控制。
- 享乐性质量 1：有趣—无聊。
- 享乐性质量 2：昂贵—便宜。
- 享乐性质量 3：兴奋—沉闷。
- 享乐性质量 4：独家—标准。
- 享乐性质量 5：印象深刻—不伦不类。
- 享乐性质量 6：独特—普通。
- 享乐性质量 7：创新—保守。
- 吸引力 1：愉快—不愉快。
- 吸引力 2：好—坏。
- 吸引力 3：美观—不美观。
- 吸引力 4：吸引—排斥。
- 吸引力 5：有吸引力—没有吸引力。
- 吸引力 6：有同情心—无同情心。
- 吸引力 7：激励—劝退。
- 吸引力 8：向往—不想要。

在人们使用和研究的 AttrakDiff 的许多版本中，问卷项目的数量、所用的问题和表达问题的语言都存在着很大的差异 (Hassenzahl et al., 2000)。Schrepp, Held, and Laugwitz(2006) 开发了一个变体，重新排序以将相关项目组合在一起。

4. ATTRAKDIFF 问卷打分

一旦参与者完成了 AttrakDiff 问卷，就可以计算平均分数。首先将参与者给出的所有值加到一起，不包括所有未回答的问题。在每个问题的两个锚之间，如果使用 1~7 的数值量度，则总分在参与者回答的问题数量的 1~7 倍范围内。

以上述 AttrakDiff 问卷为例，由于有 22 个问题，所以总分范围在 22~154 之间 (全部答完就是 154)。如使用以零为中心的 -3, 0, +3 量表，则 22 个问题总分范围是 -66 到 +66。问卷的最终结果是每个问题的平均分。

5. AttrakDiff 的替代方案

作为 AttrakDiff 问卷的替代方案，Hassenzahl et al. (2001) 创建了一个简单的问卷来评估情感影响，也基于语义差异量表。他们的量表使用了以下容易应用的锚 (来自他们的图 1)。

- 杰出 vs. 二流。
- 独家 vs. 标准。
- 印象深刻 vs. 不伦不类。
- 独特 vs. 普通。
- 创新 vs. 保守。
- 兴奋 vs. 沉闷。
- 有趣 vs. 无聊。

和 AttrakDiff 一样，问卷中的每个量表都有 7 个可能的分值 (包括上述端点)，最初是用德语写的。

PrEmo

像问卷这样的语言情感度量工具 (verbal emotion measurement instruments) 可用于评估混合情感，因为问卷中的问题 / 量表或者图片工具中的图像可用来表示情感集 (Desmet, 2003)。PrEmo 使用 7 种动画图片来表示愉快的情感，另外 7 种表示不愉快的情感。PrEmo 作者总结道："在跨文化应用方面，PrEmo 是一种令人满意、可靠的非语言情感度量工具。"

语言工具往往依赖于语言，有时还依赖于文化。例如，问卷的不同维度及其端点的词汇很难准确翻译。图片工具可能是个例外，因为看图说话更通用。面部表情的象形图有时能比语言更有效地表达情感，但如何最有效地绘制各种象形图仍然是一个众说纷纭的研究挑战。

自我评估模型

另一个情感影响度量工具的例子是自我评估模型 (Self-Assessment Manikin，SAM)(Bradley and Lang, 1994)。SAM 使用了 9 个表示正面情绪的符号和 9 个表示负面情绪的符号。SAM 通常用于网站和印刷版广告，在用户交互期间或之后立即进行调查问卷。若在使用后再进行问卷调查，一个问题是使用期间的情感可能转瞬即逝。

24.3.6　直接检测生理反应作为情感影响的迹象

除了直接观察或自陈，还有一种称为生物识别的技术，它直接测量参与者的生理反应来检测情感影响。这些非语言的技术通常需要部署探针和仪器，几乎超出了任何 UX 设计项目的需要或想要的范围，并且几乎完全是 UX 研究领域特有的。28.8.2 节会进一步讨论生理测量。

24.3.7　生成和收集意义性评估数据

当用户将产品纳入自己的生活，在日常活动中使用它，就会产生意义性或者长期的情感影响。

作为产品出现在某人生活中的一个例子，我们知道有人会随身携带数码录音机，无论走到哪里，都用它来捕捉几乎所有事情的想法、笔记和提醒。睡觉时把它放到床边，开车时总是把放到车里。这是他们生活方式的重要组成部分。没有它，他们会感到失落。

如目标是了解产品的意义性，它在人类生活方式中的融入，以及它如何长期影响用户生活，就应计划一些方法来研究用户长时间真实活动中的这些现象，从他们最早考虑将产品纳入自己的生活开始。这种数据收集技术大多需要用户进行自陈 (self-reporting)，因为你无法一直和参与者生活在一起。

收集数据时，要寻找有关用户在其生活中使用产品的所有不同方式。使用时感觉最快乐的时候 (the high points of joy in use)；基本使用模式如何随时间变化、发展或显现；尤其是用户如何对用法进行调整以成为一种新的和不同寻常的用法。正如我们之前说过的那样，你希望能讲随时间的推移，使用和情感影响的故事。

1. 意义性评估的长期研究

用户随时间的推移而体验产品，随着使用的扩展和新的用法的出现，他们通过探索和学习来建立感知和判断 (Thomas and Macredie, 2002)。所以，意义性不在于任务，而在于人类活动。因此，必须纵向研究意义性，而不能仅仅是像你可能习惯的那样在其他类型的 UX 评估中通过观察使用快照 (snapshots of usage) 进行研究。

在用户体验中定义意义性的时间线甚至在第一次上手产品之前就开始了，可能是因为想要拥有或使用该产品、研究它和比较类似产品、访问商店 (实体店或网店)、购买它以及观看包装和产品介绍。长时间的意义性研究完成时，它们最终会成为案例研究。研究的长度不一定意味着要投入大量的工时，但可能意味着重要的日历时间 (例如，过年过节特别想要某个东西)。所以，该技术不适用于敏捷方法或任何其他基于较短周转时间的方法。

显然，研究和评估使用的意义性方面的方法必须基于用户的真实活动，才可能接触到"野外"发生的广泛用户体验。这意味着不能仅仅是安排一个会话、招募用户参与者，然后让他们"执行"以获得数据。相反，场景 (context) 的这种更深层次的重要性通常意味着要在现场而非实验室收集数据。

以 iPad 为例，可从中体会使用是如何随着时间的推移而扩展的。起初，是和朋友一起玩耍，并向朋友展示一些可能新奇的东西。然后，用户添加了一些应用，比如 iBird Explorer：北美鸟类交互式野外指南 (http:/www.ibird.com/)。突然之间，使用就扩展到了甲板，或许最终还会延伸进入林子。

最后，用户当然会开始在 iPad 中填充各种音乐和有声书。后一种使用活动可能会在拥有产品数月后出现，但可能会成为整个使用体验中最有趣和最令人愉快的部分。

2. 意义性相关数据收集技术的目标

无论使用哪种技术来收集与意义性相关的数据，目标都是在长期使用场景中寻找具有以下迹象的事件。

- 人们在产品使用方式上的倾向。
- 用得最快乐的时候 (high points of joy in use)，从中可知设计中是什么能产生使用的快乐 (joy of usage)，以及如何变得更快乐。
- 人们在使用中遇到的干扰高质量用户体验的问题和困难。
- 人们希望但产品不支持的用法。
- 基本使用模式如何随时间变化、发展或三角现。
- 他们对产品的原始印象和期望如何随着时间的推移而演变，以及为什么。

- 使用方式如何调整；人们自己想出的新的和不寻常的用法。
- 产品在用户的生活中变得多重要。

基本思路是能讲随着时间的推移，使用和情感影响的故事。

3. 模拟真实使用情况下的直接观察和访谈

使用自陈、触发式报告 (trigged reporting) 和定期问卷调查等技术对使用活动中的意义性进行抽样之前，让我们先看看一种更直接的方法。分析师团队可在一系列直接观察和访谈中模拟真实的长期使用情况。具体思路是定期与参与者会面，每次都设置条件以激发出情绪影响情节。为了在模拟真实使用的会话期间收集数据，主要技术是直接观察和访谈。需创造条件来鼓励在观察期内发生长期使用活动。要设置一些条件，以便捕捉真实使用的本质，并在合适的时间内反映真实使用情况。

作为使用这种技术的一个例子，Petersen, Madsen, and Kjaer(2002) 对两个家庭在自己家中使用电视和录像机的情况进行了纵向研究。使用期间，定期在分析师办公室安排访谈。如用户抽不出时间，就去到用户家中进行访谈。

访谈时，评估人员提出了许多使用情景，并让参与者尽最大努力在这些情景下使用，从而提供反馈，尤其是关于情感影响的反馈。

这个方法要取得成功，需要注意以下几点。

- 制定访谈时间表，随着时间的推移纵向进行一系列会话，将用户通过使用来学习的时间考虑进去。
- 和使用研究一样，除了询问用户的活动，还要观察他们的活动；我们知道，人们谈论自己做事的方式往往与他们实际做事的方式不同。
- 如必须录像，由于此类使用环境通常更私密 (例如在参与者的家中)，所以需慎之又慎。

4. 自陈的重要性

最好的原始意义性数据来自对用户和使用情况的持续关注，但不可能与参与者 24/7 生活在一起，也不可能去到参与者忙碌生活中的每一处地方。即使可以一直和参与者在一起，你会发现大多数时候观察到的都是死一般沉寂时间 (dead time)，即没有任何有趣或有用的事情发生，或者参与者根本就没有使用产品。当感兴趣的事件确实发生时，它们往往是偶发的，需要特殊的技术来捕获意义性数据。

但实际上，唯一可在使用发生的所有时间和地点都在那里的只有参与者自己。所以，大多数意义性数据的收集技术都是自陈 (self-reporting) 技术，或至少有自陈的部分，参与者陈述他们自己的活动、想法、情感、问题和使用类型。自陈技术不像直接观察那样客观，但确实为你缺席时访问数据的问题提供了实用的解决方案。

5. 定期问卷调查对意义性进行抽样

为了对意义性进行抽样，可选择的另一个方法是随时间的推移定期进行问卷调查。可使用一系列这种问卷来了解这些时间段内使用情况的主要变化。

问卷可在大量参与者中有效地使用，而且定量和定性数据都可以生成。这是一种成本较低的方法，可获得预定义问题的答案，但它不太好提供一个窗口来发现具体上下文中更具启发性的使用细节，所以不太好揭示出用户使用方式随时间的推移的发展和出现。

6. 用户基于日记的自陈

我们鼓励您自己即兴创作自己的自陈技术。但其中你绝对应该考虑的是一种基于日记的技术。其中，每个参与者都维护一个"日记"，记录问题、体验和使用过程中发生有意义的事件。日记可用普通笔记本、在线报告、手机语音邮件或录音机保存。日记是收集意义性数据的一种有效且高效的技术，只是数据分析可能需要时间和精力。

基于日记的技术要想取得成效，参与者必须提前做好准备。

- 为你的用户提供一份要报告的东西的列表，包括长期使用中出现的问题、体验和有意义的事件。
- 给他们一些练习来识别相关情况并报告它们。
- 训练他们一旦遇到使用问题，使用新功能，或在使用中遇到任何有趣的事情时，就想到需要发布一个报告。

有很多方式可在自陈中实现这种数据捕获，如下所示。

- 用纸和笔来做笔记。
- 在线报告，例如通过一个博客。
- 用手机发语音邮件。
- 袖珍数码录音机。

7. 用语音邮件捕获用户报告

因其灵活性和便利性，而且用户几乎任何时候都能拨打电话，所以语音邮件是一种有意义的使用自陈数据收集技术。

一项研究表明 (Petersen et al., 2002)，电话报告比纸质日记更成功，因为它可以即时发生，而且参与者不需要花太多功夫。成功的关键在于随时做好准备。

随时备好手机。参加者无需携带纸质表格和任何笔，在不利于手写报告的情况下，而且在白天或晚上的任何时间都能拨打电话。手机使用户在报告过程中能保持控制；他们能控制为每份报告投入的时间。

为鼓励参与者使用语音邮件进行报告，请考虑向他们支付每次话费补偿 (不算在你为他们参与研究而支付的费用中)。在 Palen and Salzman(2002) 的研究中，他们发现按每次通话付费会鼓励参与者拨打电话。当然，这种激励可能会使参与者打一些不必要的电话，只是这种情况在此次研究中似乎没有发生。

Palen and Salzman(2002) 发现，随时间的推移收集数据的手机语音邮件方法对分析师来说成本也很低。和纸质报告不同，录制的语音报告在创建后立即可以使用，系统自动转文字也相当容易。他们发现，来自语音邮件的非结构化口头数据很好地补充了他们的其他数据，并有助于解释他们所做的一些观察或测量。

这些口头报告是在事件发生后的关键时刻进行的，通常涉及用户在以后的访谈时可能忘掉的问题，这使语音邮件报告成为后续面对面访谈时需要跟进的丰富问题来源。

如果无法通过手机自陈，小巧和便携的手持数码录音机也是一个可行的选项。如果可以培训参与者总是随身携带，那么专用的个人数码录音机是一种有效且低成本的工具，可在长期研究中用于自陈使用情况。

8. 由评估人员触发报告以控制时间

无论报告的媒介如何，在意义性评估期间，仍然存在应在什么时间进行自陈的问题。如允许参与者决定何时报告，他们可能偏向于在方便的时间，或者在产品使用进展顺利的时间。或者参与者根本就会忘记这个事情，造成你失去收集数据的机会。

为此，可选择由评估人员触发报告来控制自陈的时间，使时间更随机，并根据由评估人员选择的频率。这种计时方法可能会导致对长期使用中意义性的发生进行更随机的抽样。 Buchenau and Suri(2000) 建议给参与者配一台专门的传呼机，随时随身携带。然后，可使用寻呼机向"野外"参与者发送随机定时的"事件"信号。收到传讯后，参与者应尽快报告当前或最近的产品使用情况，包括具体的现实使用环境和感受到的任何情感影响。

有关评估情感影响和意义性的其他方法，请参见第 28.8 节。

24.4 实证数据收集程序

24.4.1 与参与者的预热

1. 介绍自己和实验室：确保参与者知道会发生什么

如果 UX 场地有一间单独的接待室，在开始评估之前，可以先在这里与参与者会面。问候并欢迎每位参与者，感谢他们的帮助。带他们四处看一看。

向他们介绍环境并展示实验室。如果有单向玻璃，请解释它的存在以及将如何使用，并向他们展示另一面，即"幕后"会发生什么。公开声明你要进行的任何录像，这同时也要在同意书中说明。总之，让参与者觉得他们是这项工作的合作伙伴。

告诉参与者关于正在评估的设计以及他们要参与的过程。例如，你可以说："我们以低保真原型的形式为我们的产品进行了早期的屏幕设计，这个系统是用于……"告诉他们可以如何提供帮助，以及你希望他们做什么。

尽最大努力缓解他们的焦虑，满足他们的好奇心。进行评估之前，确保已向参与者解答了关于该过程的所有问题。明确是他们在帮你评估，你并不会以任何方式评估他们。

> **知情同意书**
> **informed consent**
>
> 由使用研究和评估参与者授予 UX 专家使用在 UX 生命周期活动中收集的数据的一份正式的、签字的许可，通常会规定一些限制 (23.7.3 节)。

2. 文书工作

仍在接待室或在用户进入参与者房间后，注意以下几点。

- 让每位参与者阅读一般说明 (23.7.4 节)，根据需要口头解释任何内容。
- 让参与者阅读机构审查委员会授权的知情同意书 (23.7.3.2 节)，同样口头解释。
- 让参与者签署同意书 (两份)；它必须"无胁迫"地签署。你保留一个签字的副本，将另一份签名副本交给参与者；自己的副本必须

保留至少三年 (期限因组织而异)。

- 如有必要，让参与者签署一份保密协议 (23.7.4.1 节)。
- 让参与者填写你准备的任何人口统计调查 (确保他们满足你预期的工作活动角色和相应用户类别特征的要求)。

24.4.2　会话协议以及你和参与者的关系

会话协议 (session protocol) 着重于会话环境的细节、你和参与者的关系以及你在每个会话中如何与他们沟通。

1. 你对 UX 问题的态度

实际评估之前，很容易觉得这种 UX 测试是一件非常积极的事情，我们都在共同努力改进设计。但是，一旦你开始听到参与者诉说在设计上遇到问题，就可能会引发你的自我 (ego)、本能和骄傲的无益反应，你可能会倾向于对设计进行防御。请抵制这种诱惑并以积极的态度进行测试；它会得到回报。

2. 和参与者建立伙伴关系

共同发现
codiscovery

一种定性数据收集技术，两个或更多参与者以团队方式进行评估，通常会使用一种出声思考数据收集技术。两个人可以更自然地交谈，在对话交互中表达出多种观点 (21.4.2.3 节和24.2.3.3 节)。

花时间和参与者建立融洽的关系。为确保 UX 评估会话的成功，与设施和设备相比，更重要的是你和参与者建立起一种伙伴关系，让他们帮你评估和改进产品设计。一旦走进参与者房间，协调人 (facilitator) 就应该花点时间与参与者"社交"。如果先带参与者"参观"了你的设施和场地，那就是一个很好的开始。

如果使用了共同发现 (codiscovery) 技术，留一些时间让共同发现合作伙伴相互了解并建立一些关系，也许可以利用你调试设备的时间。如果以完全陌生人的身份开始评估会话，会让他们觉得尴尬，并干扰他们的表现。

24.4.3　准备好用低保真原型进行评估

如果线框原型堆叠 (wireframe prototype deck) 是打印在纸上的，请将其布置好并准备就绪 (图 24.2 展示了一个例子)。如果是存放在笔记本电脑上，请调出来准备操作 (由你或用户参与者操作)。下面将基于纸质线框原型堆叠来描述该过程，但它在笔记本电脑上的工作方式是一样的。

图 24.2
一种典型的安排，参与者
坐在桌子尽头，用一叠纸
原型来进行评估

　　每个参与者进入之前，"执行者"应通过将初始"屏幕"(线框)放到
桌子上来"启动"原型。安排好运行原型所需的一切，包括后续线框的堆叠。

　　让整个评估团队准备好担任他们的角色，并让他们准备在会话中行动。
这些角色如下所示。

- 评估协调人 (evaluation facilitator)，保证会话的正常进行，与参与者
  交互，并可能对关键事件做笔记 (选一个有领导能力和人际沟通能
  力的人)。

- 在线框面板的每一页都标上其在预期交互序列中的作用的标识符；
  如果用户对该对象进行操作，它还有助于使用目标线框的标识符来
  标记线框中的每个对象。

- 为线框堆叠中的每一页都添加一个标识符，说明它在预期的交互序
  列中的作用；为线框中的每个对象都标上目标线框的标识符，还有
  助于用户针对该对象执行操作。

- 原型执行者，负责响应用户的操作在线框图之间移动 (选一个了解
  设计的人)。

- 用户执行任务计时员，为者执行任务的参与者计时并且 / 或者统计
  错误 (以收集定量数据)，计时员可能想在真正的会话开始之前用
  秒表练习一下。

- 关键事件记录员 (用于发现和记录关键事件和 UX 问题)。

检查自己的会话协议。我们建议要有以下这些"规则"。

- 团队成员在参与者执行任务时不得指导他们。
- 执行者不能预测用户行为，尤其不能对错误的用户行为给出正确的计算机响应。操作电脑的人只能对用户实际做的事情做出反应！
- 操作电脑的人不可以说话、打手势等。
- 不得现场更改设计，除非这是你的过程中已声明的一部分。

24.4.4　数据收集会话

1. 会话开始

如准备使用基准任务，在预热之后，并且当你们都准备好开始时，让参与者阅读第一个基准任务或其他任务描述，并询问是否有任何问题。如准备获取计时数据，就不要将基准任务的阅读时间算成任务的一部分。

一旦评估会话开始，有趣的事情可能很快发生。你需要收集的数据可能会大量涌入。这有时会让人不知所措。但是，只要提前做好了准备，就可以让它变得轻松有趣，尤其是当你知道要收集哪些类型的数据时。

2. 会话期间与参与者交互

现在是管理基准任务和识别关键事件，使用用户出声思考技术，并运用你学到的关于数据收集技术的知识的时候了。酌情收集关键事件、UX 问题和用户表现度量 (user performance measure)。

协调人负责确保会话顺利、高效地进行。通常，协调人的工作是倾听而不是说话。但在关键时刻，如果不干扰任务时间安排，或者专注于定性数据，可以说一些话来获得重要数据。可以问一些简短的问题，例如"你想做什么？""点击某某图标时，你预计会发生什么？""是什么让你觉得这样做会奏效？"

如果专注于定性数据，评估人员还可能提出引导性问题，例如"你希望如何执行该任务？""怎样使那个图标更容易识别？"如果使用"出声思考"技术进行定性数据收集，请偶尔提示以鼓励参与者："请在一边执行一边告诉我们你在想什么。"

如果参与者表现出压力或疲劳的迹象，让他们休息一下。让他们离开参与者房间，四处走走，享用一些茶点。日程安排不要过于紧张。

3. 帮助还是不帮助参与者

使用参与者进行关键事件技术和 / 或出声思考技术时，参与者可能会要求你提示下一步怎么做。有时，在参与者没有取得进展时，这种提示可让他们回到正轨，但直接帮助几乎总是与会话目标背道而驰。你想了解参与者是否能自己决定如何执行任务，所以不要具体告诉他们怎么做。最好是引导他们回答自己的问题。

例如，不要直接回答"这样做对吗？"或者"我点击这个会怎样？"之类的问题。相反，发出反问，引导他们自己去思考，让他们自己想会发生什么。

4. 让参与者安心

提醒你自己和整个团队，在 UX 评估会话期间永远不要嘲笑任何事情。你可能在控制室，认为有一个隔音装置，但笑声有一种穿透玻璃的方式。由于参与者看不到玻璃后面的人，所以参与者很容易假设有人在嘲笑他们。

如果参与者明显感到慌乱、沮丧、心不在焉或者不断为任务执行中的问题责备自己，他们可能正在承受压力，此时应进行干预。休息片刻，让他们放心和平静。如参与者变得非常气馁以至于想退出整个会话，那么除了感谢他们、付钱并让他们离开之外，你几乎什么事情都做不了(也不该做)。

24.4.5　结束评估会话

1. 通过访谈和问卷调查进行会后探索

每次会话结束后，立即提出探索性问题，以消除对关键事件或 UX 问题的任何困惑。进行会后访谈和问卷调查，趁热乎的时候捕捉用户的想法和感受。

协调人通常从某种标准的结构化访谈开始，提出一系列预先计划好的问题，旨在探究参与者对产品和用户体验的想法。例如，典型的会后访谈可能包括以下一般性的问题："你最喜欢这个界面的哪一点？""你最不喜欢什么？""你会如何改变某某？"一个有趣的问题是"为了最好地利用此界面，你必须了解的三个最重要的信息是什么？"例如，在一个设计中，数据库查询的某些结果以数据图的形式以图形方式呈现给用户，其中的数据点显示为小圆圈。由于大多数用户一开始并没有意识到如果点击相应的圆圈，就可获得有关特定数据点的更多信息，所以对于这种设计，用户需了解的一个非常重要的信息是，他们应将圆圈视为一个图标，而且可以相应地操纵它。请了解你的用户是否明白这一点。

2. 为下一位参与者重置

与一位参与者完成了评估会话后，应重新组织好线框原型，为下一位参与者做好准备。

如果是基于 Web 的评估，清除浏览器历史记录和缓存、删除临时文件、删除所有保存的密码等。对于软件原型，保存并备份你想要保留的任何数据。重置原型状态，移除在上一个会话中引入的任何工件。

最后，向参与者发放他们的报酬、礼品和 / 或奖金，感谢他们，然后送他们出门。

24.5 生成和收集定性 UX 评估数据的快速实证方法

实证方法可能既耗时又昂贵。人们为此开发了一些方法，它们仍然是实证的，但专门设计了一些捷径来加快速度。

24.5.1 快速迭代测试和评估 (RITE)UX 评估方法

1. 简介

RITE(Rapid Iterative Testing and Evaluation，快速迭代测试和评估)(Medlock, Wixon, Terrano, Romero, and Fulton, 2002; Medlock, Wixon, McGee, and Welsh, 2005) 是一种基于用户的快速测试方法，是快速实证 UX 评估方法的代表，也是其中最好的方法之一。

RITE 采用快速协作 (团队成员和参与者) 测试和修复周期，旨在以相对较低的成本摘取最容易获取的果子。整个团队都参与到结果的达成中。

RITE 的特点是快速周转，在发现关键 UX 问题后立即修复。评估产品后，包括参与者在内的整个项目团队立即分析问题，并决定进行哪些更改。然后立即实现更改。如有必要，可能会立即进行另一轮测试和修复迭代。

由于在此之后进行的所有测试都已经包含了更改，所以以进一步的测试可确定更改的有效性——问题已经实际修复，以及修复是否引入了其他新问题。立即修复问题还能暴露出产品之前被问题遮挡住的一些方面。

我们的朋友丹尼斯 (Dennis Wixon) 以其无与伦比的"Wixon 式智慧"提醒我们："在实践中，目标是在最快的时间内生产出成功的产品，以最少的资源满足规范，同时将风险降至最低。"(Wixon, 2003)

2. 具体怎么做：RITE UX 评估方法

RITE UX 评估方法的描述主要基于 Medlock et al.(2002, 2005)。

项目团队首先选择一位用户体验从业人员，我们称之为协调人，来指导测试会话。UX 协调人和团队要做好以下准备。

- 确定参与者所需的特征。
- 决定他们将让参与者执行哪些任务。
- 就关键任务达成一致，即每个用户必须能执行的一组任务。
- 基于这些任务构建测试脚本。
- 决定如何收集定性的用户行为数据。
- 招募参与者 (23.6 节) 并安排他们到实验室。

UX 协调人和团队与 1~3 名参与者进行评估会话，一次一名。

- 整个项目团队和项目的其他任何利益相关方都在 UX 实验室的观察室或会议室的桌子旁坐好。
- 引入扮演用户角色的参与者。
- 介绍每个人并搭建好环境，解释过程和预期的结果。
- 确保每个人都了解参与者是在帮助评估系统，团队不会以任何方式评估参与者。
- 让参与者执行少量选定的任务，项目的所有利益相关方都在一旁默默地观察。
- 让参与者在工作时出声思考。
- 和参与者一起寻找 UX 问题以及改进设计的方法。
- 全面记录问题的迹象，例如任务阻塞和用户错误。
- 会话记录主要集中在发现可用性问题，并记录其严重性。

UX 协调人和其他 UX 从业人员：

- 从会话记录中确定观察到的主要 UX 问题及其在设计中的原因。
- 向团队的每个人提供 UX 问题和原因的列表。

UX 从业人员和团队，包括参与者在内，共同解决问题。

- 确定具有明显原因和明显解决方案的问题，例如涉及措辞或标签的问题，这些优先解决。
- 确定还有其他哪些问题可以合理地解决。
- 确定哪些问题需要进一步讨论。
- 确定哪些问题需要更多数据 (来自更多参与者) 以确保它们是真正的问题。
- 找出他们现在无法解决的问题。

- 为要解决的问题决定可行的解决方案。
- 对具有明显原因和明显解决方案的问题实现修复。
- 开始实现其他修复并尽快将它们引入当前原型。

UX 从业人员和团队立即通过以下方式进行后续评估：

- 引入新的参与者。
- 让他们使用修改后的设计，执行与修复的问题相关的任务。
- 与参与者一起查看修复是否有效，并确保修复没有引入任何新的 UX 问题。

重复刚才描述的整个过程，直到资源用完，或团队决定完成 (所有主要问题都已发现并解决)。

3. RITE 数据收集的变种

RITE 的灵活性促生了许多替代的数据收集技术。例如，团队可以使用一种 UX 检查方法、启发式评估或其他方式来收集数据，而不是与用户参与者一起进行测试，同时保留周期的快速分析和修复部分。

24.5.2　准实证 UX 评估

准实证 UX 评估 (quasiempirical UX evaluation) 是 UX 专家通过捷径开发自己的方法时获得的一种混合方法。它们是实证的，因其要通过参与者或参与者的代理收集数据。但又是"准"或"拟"的，因其在过程和协议方面是非正式和灵活的，而且 UX 评估人员可以担当重要的分析角色。

1. 准实证 UX 评估简介

准实证 UX 评估方法具有以下特点。

- 仍然是实证性的，只是由志愿者担任参与者 (或直接由评估人员模仿用户)。
- 由从业人员自由发挥创意来定义，在目标和方法都很灵活的情况下完成评估。
- 在协议方面非常不正式，鼓励评估人员在适当的时候打断和干预，以引起更多的思考，并要求解释和细节。
- 不涉及任何定量数据。
- 可在任何地方进行，比如 UX 实验室、会议室、办公室、自助餐厅、现场。
- 经常出现节奏的即兴变化、方向的变化和注意力的变化。

启发式评估
heuristic evaluation,
HE

一种基于专家 UX 检查的分析评估方法，由一组启发 (常规的高级 UX 设计规则) 进行指导 (25.5 节)。

- 特点是一遇到问题就马上研究，并最大程度发掘关于问题、它们对
用户的影响以及潜在解决方案的信息。
- 不基于预定义的"基准任务"，但会话可以是任务驱动的，利用使
用情景、基本用例、逐步任务交互模型或其他任务数据/任务模型。
- 可通过探索功能、屏幕、小部件或其他任何适合的东西来驱动。

2. 准备准实证评估会话

首先确保有一组代表性的、常用的和关键的任务供参与者探索。准备
好一些探索性问题。

有效分配 UX 评估团队角色，包括参与者、协调人和数据收集员。如
果有用，请尝试使用两个评估人员进行共同发现。进一步准备你的准实证
会话 (具体和准备一次完整的实证会话差不多，只是没那么正式和全面)，
以便和准实证方法更快速和更投机 (问题发生时能及时抓住) 的性质匹配。

3. 进行准实证会话，收集数据

作为协调人和每个参与者坐到一起，有以下注意事项。

- 与参与者建立伙伴关系；密切协作才能获得最佳结果。
- 广泛使用"出声思考"数据收集技术；不时提示以鼓励参与者："记
得一边做一边告诉我们你在想什么。"
- 鼓励参与者花几分钟探索系统并熟悉它。
- 利用手头的一些任务 (来自前面描述的准备步骤)，或多或少地作
为道具来支持行动和对话；你对用户执行时间或其他定量数据不感
兴趣。
- 和参与者一起寻找 UX 问题和改进设计的方法；笔记要全面，因为
它们是过程中唯一的原始数据。
- 让用户选择一些任务去做。
- 准备好关注出现的线索，不要只是遵循规定的活动。
- 尽可能多倾听参与者都说了些什么；大多数时候你的工作是倾听，
而不是说话。
- 引导会话也是你的工作，这意味着在正确的时间说正确的东西，使
其保持正轨并在有用时切换轨道。

在会话期间的任何时间都可以和参与者交互，提出以下问题。

- 要求参与者描述他们与该系统交互时的初始反应。
- 询问设计的哪些部分不清楚以及为什么。

- 询问和他们过去使用的其他系统相比，这个新系统如何。
- 询问他们是否有任何修改设计的建议。
- 将他们置于自己的工作环境中，询问他们将如何在日常工作中使用该系统；换句话说，请他们带你完成他们在典型工作日使用此系统执行的一些任务。

练习 24.1：你的系统的实证 UX 评估数据收集

目标：使用线框原型堆叠 (wireframe prototype deck) 练习实证数据收集，进行非常简单的形成性 UX 评估。

活动：这也许是所有练习中最有趣和最有价值的，因为你终于看到有一些用户在使用你的 UX 设计了。

组建新团队：下面的说明基于课堂环境中已经有多个团队。如果是其他情况，请相应做出调整。

- 在所有团队都聚拢并围坐于一张桌子之后，和另一个团队交换参与者。你将担任参与者角色的两个人从自己的团队派到另一个团队。在团队之间有序循环地交换，可防止潜在的混乱。
- 现在，你会有来自不同团队的新参与者，他们不熟悉你的设计。这些新参与者现在将永久加入你的团队来进行余下的练习，包括数据收集、分析和报告。
- 作为备选方案，如果没有多个团队，请尝试招募几个同事或朋友作为参与者。
- 和新组建的团队坐在一起，拿出 UX 标的表 (target table)、基准任务描述和问卷。
- 将两名参与者（刚获得的新团队成员）派到走廊或其他等候区。

数据收集：

- "启动"原型。
- 请第一个参与者进入"实验室"，向参与者打招呼，并解释评估会话。
- 让第一个参与者为 UX 标的执行第一个基准任务。让参与者大声朗读第一个基准任务。
- 要求参与者在执行该任务时出声思考。
- 执行者移动原型部件以响应参与者的动作。
- 协调人指导会议并保持其进展。

- 计时员在用户执行任务时记下或输入 UX 标的中指示的计时和错误计数数据 (任务计时不要将参与者大声朗读任务的时间算进去)。
- 其他所有人都要习惯记录关键事件和 UX 问题。
- 记住不指导或预测用户行为的规则。电脑本来就不可以讲话！
- 让参与者大声朗读第二个任务并提出任何可能存在的问题。
- 执行。
- 准备好根据你的 UX 目标收集数据。
- 让第一个参与者一边执行第二个基准任务，一边出声思考。
- 要收集多少数据？这个练习需收集十几个或更多关键事件 (执行两个基准任务的两个参与者的总和)。如果没有从某个参与者那里获得至少 6 个关键事件，请继续让该参与者探索性地使用原型，直到获得足够多的关键事件。例如，让他们浏览每个屏幕，查看每个对象 (按钮、菜单等)，对与各种功能相关的用户体验质量发表评论并发表意见。
- 让参与者完成问卷，然后给他发"奖励"。
- 让第一个参与者成为团队的新成员，帮助进行后续的观察。
- 引入第二个参与者并再次执行相同的会话。

交付物：所有数据。

时间安排：在这堂课结束前完成，效率高的话，可能 1.5 个小时。

第 25 章

分析 UX 评估：数据收集方法和技术

本章重点

- 作为早期分析评估方法的设计演练和审查
- 焦点小组
- UX 检查
- 启发式评估
- 我们的实用 UX 检查方法

25.1 导言

25.1.1 当前位置

在每章的开头，都会以"当前位置"(You Are Here) 为题，介绍本章在"UX 轮" (The Wheel) 这个总体 UX 设计生命周期模板背景下的主题 (图 25.1)。作为上一章实证数据收集方法的一种替代方法，本章介绍了分析数据收集方法 (analytic data collection methods)。

分析 UX 评估
analytic UX evaluation

一种评估方法，检查设计的固有属性而不是检查设计的实际使用情况 (21.2.2 节)。

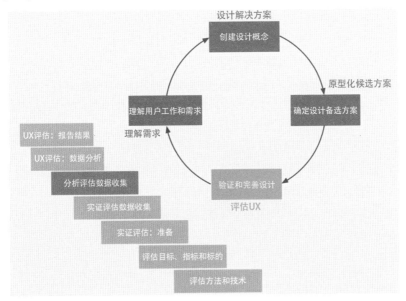

图 25.1
当前位置：在总体 UX 生命周期过程的"评估 UX"生命周期活动中进行分析数据收集。整个轮对应的是总体的生命周期过程

25.1.2　将分析方法添加到组合中

参与者
participant

参与者，或称用户参与者，是帮助评估 UX 设计的"可用性"和"用户体验"的用户、潜在用户或用户代理人 (surrogate)。这些人在我们观察和度量时执行任务并提供反馈。由于我们希望邀请这些志愿者加入团队，帮我们评估设计 (换言之，我们希望他们参与进来)，所以我们使用"参与者"一词来代替"主体"(subject)(21.1.3 节)。

主观 UX 评估数据
subjective UX
evaluation data

基于评估人员或用户的意见或判断的数据 (21.1.4.2 节)。

检查
inspection(UX)

一种分析评估方法，UX 专家通过观察或尝试来评估交互设计，有时会在一套抽象的设计准则的背景下进行。评估人员既是参与者的代理人 (participant surrogate)，也是观察者，他们会思考什么会对用户造成问题，并就预测的 UX 问题给出专业意见 (25.4 节)。

一些项目，尤其是大型的、领域复杂 (domain-complex) 的系统项目，可从实证 UX 评估 (第 23 章和第 24 章) 提供的高严格性中受益匪浅。

对于其他大多数类型的项目，分析 UX 评估方法 (analytic UX evaluation methods) 提供了另一种选择。虽然分析方法可通过高的严格性来执行，因此速度较慢，但它们被开发为更快且成本更低的方法，以产生实证结果的近似值或预测值。

所以，在实践中，分析方法往往更快速、更便宜，因为不需要以下活动来作为支援。

- 确定并招募用户参与者。
- 安排参与者会话并引入参与者 (或去拜访他们)。
- 运行长时间的基于任务的评估会话。

分析方法基于解构 UX 设计并检查其固有属性，而不是查看设计的具体使用情况，主要生成的是定性的主观数据。本章介绍的分析方法尤其适合较小的快速项目、敏捷环境和产品开发。这些方法包括设计审查、设计演练和各种检查方法，例如启发式评估。

下面列出分析评估方法的一些常规特征。

- 由于它们基于专家意见而不是实证使用数据，所以既需要 UX 专家，也需要行业专家 (SME)。
- 它们几乎完全是为了找到最重要的定性数据，即修复起来具有成本效益的 UX 问题。
- 严重依赖于实用技术。
- 通常，它们不太正式，协议和规则较少。
- 这个过程有更多的可变性，几乎每个评估"会话"都是不同的，根据当时的情况量身定制。
- 这种适应情况的自由为自发的独创性创造了更大的空间，这是经验丰富的 UX 专家最擅长的。

在项目的早期阶段，原型可能开发得不够好，无法与客户或用户进行交互。不过，可以使用设计审查、焦点小组和演练来进行早期设计评估。

除了这些早期可用的方法，一旦有一个交互原型，比如至少有一个点击式线框原型 (click-through wireframe prototype)，通常就会使用一些 UX 检查方法的变体。

25.1.3　对分析方法的批评

包括大多数检查方法在内的分析 UX 评估方法在过去的 HCI(人机交互) 文献中受到批评。人们批评分析方法不彻底和不科学，有时贬损它是"打折方法"。虽然这两种说法实际上是正确的，但我们在本章讨论的快速方法是直牺牲高严格性所带来的"彻底性"(thoroughness)，换取低成本和快速应用的结果。这些方法是敏捷 UX 实践的基础。有关"打折"评估方法的更多信息，请参阅 28.3.3 节。

25.2　设计演练和审查

25.2.1　设计演练

设计审查和演练不像本章后面描述的 UX 检查方法那样深入分析，但我们将它们视为分析方法，因其基于对 (设计师所展示的) 设计的观察，而不是基于来自使用的实证数据。

设计演练是获得对设计概念的初步反应的一种非正式技术。在这个时候，通常只有情景、故事板、屏幕草图和 / 或一些线框。所以，如果用户角色中的其他任何人参与真实的交互还为时为早，UX 设计师就要自己"驱动"。

演练是从设计团队的其他人、客户、潜在用户、行业专家和其他利益相关方那里获得早期反馈的重要方式。

25.2.2　设计审查

设计审查 (design review) 比早期的演练更先进，往往更全面，通常使用点击式线框原型来演示工作流程和导航。设计审查往往是后期漏斗快速迭代中任务级 (task-level)UX 设计的主要评估方法。这时的一次审查通常相当于一次基于团队的UX检查 (UX inspection)。而且，即使这些是点击式原型，通常也没有足够的交互性来支持其他人进行点击。所以，通常还是要亲自"驱动"。

Memmel, Gundelsweiler, and Reiterer(2007，Table 8) 宣称，与基于参与者的测试相比，设计审查耗时更少，成本效益更高，而且它们的灵活性和可扩展性意味着可以调整工作以适应当时情况的需求。

启发式评估
heuristic evaluation, HE

一种基于专家 UX 检查的分析评估方法，由一组启发 (常规的高级 UX 设计规则) 进行指导 (25.5 节)。

设计审查
design review

一种比设计演练更全面的 UX 评估技术，通常利用点击式 (click-through) 线框原型来演示工作流程和导航。通常是后期漏斗快速迭代中任务级 UX 设计的主要评估方法 (25.2.2 节)。

和几乎任何类型的分析方法一样，设计演练或设计审查的目标是代表用户探索设计以模拟用户在设计中移动时的视图，只是换成以专家的眼光看。团队的目的是预测用户如果使用该设计可能会遇到的问题。

25.2.3   准备设计审查

为设计审查或演练做准备要做下面这些事情。

- 测试原型的完整性、一致性、毛病、缺陷、不一致和故障 (不要占用别人宝贵的时间来修复你自己的错误)。
- 如果有用，从故事板开始说明流程。
- 准备好相关用户、工作角色和用户类别的描述。
- 练习你的设计场景或用户故事以驱动演练。
- 安排与合适的用户和利益相关方开始会话：
- 设置开始和结束时间。
- 你的 UX 工作室是一个很好的场所。
- 决定谁将担任领导者的角色以及谁将运行原型。
- 决定谁将担任记记录员的角色，以记录发现的 UX 问题和所需的更改。

25.2.4   进行设计审查会议

非正式的会话协议可能包括以下要素。

- 领导者介绍设计及其目的和背景。
- 领导者演示对目标设计执行点击和导航操作。
  - 首先，把主要工作流程和导航路径都演示一遍。
  - 然后，说明存在的边缘情况、异常、错误和恢复。
- 邀请整个团队发表评论和开展讨论。
- 记录员记录发现的 UX 问题 (这就是该方法的数据收集方式)。
- 每个笔记都要引用所涉及的线框编号。
- 准时结束；之前说什么时候就结束，就要什么时候结束 (如经常加班，团队可能不太愿意回来帮你进行更多的设计审查)。

为了更真实和更投入，UX 评估人员透过使用或设计场景的视角探索早期 UX 设计。领导者带领团队对系统旨在支持的关键工作流程模式进行演练。

当团队遵循场景、系统查看设计的各个部分，并讨论优劣和潜在问题时，领导者讲有关用户和使用、用户意图和行动以及预期结果的故事。

焦点小组
focus group(UX 实践)

一个小的讨论组，由有代表性的用户或利益相关方讨论工作实践中的广泛主题和问题 (7.4.4.3 节)。

线框原型
wireframe prototype

由线框组成的原型，是 UX 设计 (尤其是屏幕交互设计) 的线条画 (line-drawing) 形式 (20.4 节)。

打折 UX 评估方法
discount UX evaluation method

牺牲高严格性所带来的彻底性来换取低成本和快速应用而获得的评估方法。大多数分析方法 (尤其它们不太严格的形式) 都是如此 (28.3.3 节)。

领导者要解释用户将要做什么，用户可能在想什么，以及任务如何适应工作实践、工作流程和环境。其他团队成员会考虑所有这些对用户的效果如何。当潜在的 UX 问题出现时，有人把它们记录到一个列表中供进一步考虑。

审查时可能还要包括遵守设计准则和样式指南的考虑，以及有关情感影响的问题，包括美学和趣味。除了可能出现的 UX 和其他设计问题的细节之外，这是一种很好的方式来交流设计并在项目中保持一致。

25.2.5　会后

进行所需的更改并更新线框以修复发现的问题。确定是否因为改动太多以至于要求重新召集团队对更新的设计进行后续审查。

25.3　焦点小组

焦点小组 (focus group) 由一名主持人和其他数名参与者组成，是 (在我们的实践中) 对 UX 设计进行早期评估的一种分析方法。如 Martin and Hanington(2012) 所述："焦点小组的力量在于它创造的群体动力 (group dynamic)。"小组成员分享意见，并以同事的身份共同讨论优劣。当小组成员描述他们的经历和感受时，他们会讲故事并使用隐喻和类比。会话结束时，主持人带领小组创建讨论摘要。

25.4　专家 UX 检查

25.4.1　什么是 UX 检查

UX 检查 (UX inspection) 是一种分析评估方法，你要以 UX 专家的身份自己检查并尝试设计，而非由参与者操作，而你在旁边观察。评估人员既是参与者的代理人 (participant surrogate)，又是观察者。检查人员会问自己什么会导致 UX 问题。所以，这些方法的本质是检查人员给出预测 UX 问题的意见。

25.4.2　检查是 UX 工具箱中的宝贵工具

UX 专家多年来一直在使用 UX 检查方法并获得了巨大成功。我们自己的实践是用它作为我们主要的评估方法，只有在需要更高的严格性时才会

故事板
storyboard
以一系列草图或图形剪辑的形式出现的可视场景，通常带有注释，用动画"帧"说明用户和设想的生态或设备之间的相互作用 (17.4.1 节)。

情感影响
emotional impact
用户体验的情感部分，影响用户的感受。这些情感包括快乐、愉悦、趣味、满意、美学、酷、参与和新颖，而且可能涉及更深层的情感因素，例如自我表达 (self-expression)、自我认同 (self-identity)、对世界做出了贡献以及主人翁的自豪感 (1.4.4 节)。

使用实证方法。UX 检查特别适合以下场景。

- 在早期阶段和早期设计迭代中应用。
- 要求你去评估一个现有的系统，它之前没有经历过 UX 评估和迭代的重新设计。
- 负担不起或因某种原因无法进行实证测试，但仍想进行一些评估时。

如果没有时间或其他资源进行严格的实证评估 (现在大多数时候都会这样)，UX 检查仍然可以发挥不错的作用。但这里必须做出一个取舍：在用户进行的真实的实时交互中，总会出现这样或那样的 UX 问题，而这些问题在检查 (inspection) 或设计审查 (design review) 中是看不到的。

25.4.3　需要多少检查人员？

实证 UX 测试可通过添加更多参与者 (直到收益递减) 来提高评估效率。同样地，UX 检查为提高效率也可添加更多检查人员。团队方法是有益的，有时甚至必要，因为个人能力有限，检出的问题不多。

研究和经验表明，不同评估人员 (甚至专家) 会发现不同的问题，这种多样性的技能组合很有价值，因为一组检查人员发现的问题通常比任何个人发现的问题多得多。大多数启发式检查都由 一个 UX 检查人员团队完成，通常两三人。

但最佳数量是多少？这要视情况而定，而且在很大程度上取决于你要检查的系统。Nielsen and Landauer(1993) 发现，在某些情况下，在收益开始递减之前，一小组专家 (三五人) 是最优的。28.6.3 节进一步讨论了 "三五名用户"规则及其限制。实际上，和几乎所有类型的评估一样，有总比没有好。在项目的早期阶段，我们常常不得不满足于由一两个检查员一起进行的检查。

25.4.4　需要哪种检查人员？

毫不奇怪，Nielsen(1992) 发现 UX 专家 (UX 从业者或顾问) 是最好的检查评估人员，这就是为什么这种评估方法有时也被称为"专家评估"或"专家检查" (25.4 节)。

有时，最好使用非项目团队的专家评估人员来获得全新的视角。如果你找的 UX 专家也是目标行业的专家，那就更好了。这种人称为双料专家，可从设计准则的角度以及工作活动、工作流程和任务的角度进行评估。将一名 UX 专家和一名行业专家组队，也可以大致获得双料专家的效果。

25.5　启发式评估，一种 UX 检查方法

启发式 UX 评估 (heuristic UX evaluation) 是一种基于专家 UX 检查的分析评估方法，评估人员将设计的各个方面与一组启发 (常规的高级 UX 设计准则) 进行比较。

简介

如 Nielsen(Nielsen, 1992; Nielsen & Molich, 1990) 所述，启发式评估 (HE) 方法具有成本低廉、直观且便于从业人员实施的优点，在 UX 过程的早期尤其有效。毫不奇怪，在所有检查方法中，HE 方法[*]最著名和最受欢迎。

1. 启发

28.9 节提供了一个原始启发列表 (Molich & Nielsen, 1990; Nielsen & Molich, 1990)。发表了这些初版的启发之后，作者通过一项基于对大量实际可用性问题的因子分析 (factor analysis) 的研究来改进了这些启发。下面列出了这些改进的启发 (Nielsen, 1994)，它们来自作者的尼尔森十大可用性设计原则，英文原文参见 https://www.nngroup.com/articles/ten-usability-heuristics。

1. 系统状态可见性。系统应该始终在合理的时间内通过适当的反馈让用户了解正在发生的事情。

2. 系统与现实世界匹配。系统要从用户角度说话，词、句和概念都要是用户熟悉的，不要用系统向的术语。遵循走世界的习惯，信息以自然和富有逻辑的顺序呈现。

3. 用户控制和自由。用户经常会在使用过程中发生误操作，这时就需要一个非常明确的"紧急出口"，来帮助他们退出不希望的状态，同时不必经历一段冗长的会话。要支持撤销 (undo) 和重做 (redo)。

4. 一致性和标准。用户不必怀疑不同的词、情况或操作是否意味着同一件事。遵循平台和行业约定。

5. 防止错误。比好的错误消息更好的是从一开始就防止错误的精心设计。要么消除容易出错的情况，要么检查这些情况，并在用户提交操作之前向用户提供确认选项。

6. 识别而不是记忆。使对象、操作和选项清晰可见，最大限度地减少

* 译注

heuristic evaluation 这里按约定俗成的方式翻译为"启发式评估"。heuristic 作为名词的时候则翻译为"启发"，但它本质上就是一个 UX 原则或者说"捷思"。

用户的记忆负担。用户不必记住从对话的一部分到另一部分的信息。系统的使用说明应该尽可能可见或易于检索。

7. 使用的灵活性和效率。新手用户看不到的加速设计通常能加快专家用户的交互速度。这样，系统就能同时满足没有经验和有经验的用户的需求。允许用户定制频繁的操作。

8. 美学和极简设计。对话不应包含不相关或很少需要的信息。对话中每一个多余的信息单元都会与重要的信息单元竞争，并降低后者的相对可见度。

9. 帮助用户识别、诊断和从错误中恢复。错误消息应以通俗易懂的语言表达(不要显示什么错误代码)，准确指出问题，并提出建设性的解决方案。

10. 帮助和文档。系统如果没有文档就能使用，那么当然更好。但即使这样，也可能需要提供帮助和文档。任何此类信息都应易于搜索并专注于用户的任务，列出要执行的具体步骤，不要太长。

2. 程序

虽然在实践中存在大量差异，但下面描述的大致是一个"普通"或"标准"的版本。这些检查活动对于小型系统可能需要几个小时，对于大型系统则可能需要数天。下面是具体程序。

- 项目团队或经理选择一组评估人员，通常三五名。
- 团队选择大约 10 个一组的易于处理的"启发"。这些"启发"是以待检查的问题的形式概括和简化的设计准则。例如，其中一个启发可能是"交互设计是否使用了目标用户熟悉的自然语言？"
  - 上一节给出的一组启发就是一个很好的开始。
- 每个检查人员单独浏览交互设计的每个部分，询问关于该部分的启发式问题，对于每个启发式问题，要关注以下几点。
  - 评估设计每一部分的相容性 (compliance)。
  - 将违反启发的地方作为候选的可用性问题记录下来。
  - 记录支持启发的地方 (干得不错)。
  - 确定之前记录的每种情况的上下文，通常要截取屏幕或屏幕的一部分，反映出现问题或设计良好的地方。

- 所有检查人员聚在一起，作为一个团队，需要注意下面几点。
    - 合并问题列表。
    - 选择最重要的进行修复。
    - 头脑风暴以获得建议的解决方案。
    - 基于最常访问的屏幕、具有最多可用性问题的屏幕、最常违反的准则以及可用于进行更改的资源，决定要为设计师提供什么建议。
    - 发布小组报告。

启发式评估报告应该注意下面几点。

- 从被评估系统的概览开始。
- 概述检查过程。
- 根据所用的启发列出检查问题。
- 报告通过检查来发现的潜在可用性问题：
    - 按启发：对于每个启发，都给出设计违规的例子，或给出设计如何良好支持启发的例子。
    - 或者按设计的不同部分：对于设计的每一部分，都给出违反和 / 或支持的启发的具体例子。
- 包括尽可能多的屏幕截图或其他可视示例。

然后，团队提出他们同意的设计修改建议，所用的语言应激励其他人想要进行这些修改。他们突出显示"前 3"(或前 4、前 5) 条修改建议，以排列其优先级，以最低的成本提供最大的可用性改进，或许要用到 26.4 节描述的成本重要性分析 (cost-importance analysis)。

3. 记录 UX 问题

我们发现最好使 HE 问题文档保持简单。有许多字段的长表确实能捕获更多信息，但对于必须处理大量问题的 UX 专家来说往往非常乏味。表25.1 展示了一个简单的 HE 数据捕获表格，是我们经许可自布拉德·梅耶斯(Brad Myers) 开发的表格改编的。

要具体并说清楚问题；细微之处和深度都要照顾到。如果说："系统的颜色选择不佳，因为没有配色"，就显得非常乏味，也没有帮助。另外，如果评估的是一个原型，说某个功能没有实现，也会显得特别无脑。

表 25.1   简单 HE 报告表格，改编自 Brad Myers

启发式评估报告 (Heuristic Evaluation Report)

日期：mm/dd/yyyy

准备人：　　　　　　　　　姓名：　　　　　　　　　　　签名：

问题编号：1

违反或支持的启发：一致性

原型屏幕、页面、问题位置：

报告为负面或正面的原因："Add to Cart"（添加到购物车）按钮位置不一致：该按钮在 CDW 中位于商品下方，但在 CDW-G 中位于上方

问题范围：每个产品页面

问题严重程度 (高 / 中 / 低)：低——轻微的外观问题

严重程度评级理由：用户在查找或识别该按钮时不太可能出问题

修复建议：将其中一个站点上的按钮移动到另一个站点相同的位置

可能的权衡 (为什么修复可能起不作用)：这可能会导致与别的东西不一致，但现在不知道具体可能是什么

4. 有许多变种

HE 方法和大多数其他分析方法的一个"常量"是它们在实践中变化多端。这些方法几乎被每个曾经使用它们的团队改编和定制，通常以未记录和未公开的方式使用。

基于任务或基于启发的专家 UX 检查可仅由一名评估人员，或由两名或多名评估员进行，每个评估人员独立行动或共同工作。其他专家 UX 检查可以是基于场景的、基于角色的、基于核对清单 (checklist) 的，或者作为一种"破坏性？"测试。

作为文献中描述的变体的一个例子，参与式启发式评估 (participatory heuristic evaluation) 通过额外的启发式方法扩展了 HE 方法，以解决更广泛的任务和工作流程问题。它不仅仅考虑 UI 工件的设计，还"考虑了系统如何为人类的目标和人类的体验做出贡献"(Muller, Matheson, Page, & Gallup, 1998, p. 16)。参与式 HE 的决定性区别在于检查团队中增加了用户，即行业专家。

Sears(1997) 通过他所谓的启发式演练扩展了 HE 方法。先准备好几个列表并提供给每个执行检查的从业人员，包括用户任务、要检查的启发和"以思考为中心的问题"。每个检查员执行两次检查，一次以任务为指导，并由以思考为中心的问题提供支持。第二次检查则比较传统，使用了启发。他们的研究表明，"启发式演练能比认知走查发现更多问题，能比启发式评估更少误报。"

基于视角的可用性检查 (Zhang, Basili, & Shneiderman, 1999) 是 HE 方法的另一个已发表的变体。因为对于任何给定的检查会话来说，大型系统的范围可能过于广泛，所以 Zhang et al.(1999) 提出了"基于视角的可用性检查"(perspective-based usability inspection)，允许检查人员在每次检查中关注可用性问题的一个子集。由此产生的关注焦点在较窄的视角内提供了更高的问题检出率。

可用于指导可用性检查的观点示例包括新手使用、专家使用和错误处理。在他们的研究中，Zhang et al.(1999) 发现他们基于视角的方法确实显著改进了基于 Web 的应用程序中可用性问题的检测。基于画像 (persona) 的 UX 检查是基于视角的检查的一种变体，它通过画像的需求来考虑了使用时的上下文 (Wilson, 2011)。

我们最后一个例子是 Cockton, Lavery, and Woolrych(2003) 开发的一种扩展的问题报告格式，它通过发现和消除可用性检查方法许多典型的误报，从而改进了启发式检查方法。他们的发现和分析资源 (Discovery and Analysis Resource，DARe) 模型允许分析人员带来不同的发现和分析资源，以支持对漏报 (false negatives) 和误报 (false positives) 进行隔离和分析。

5. 限制

虽然对于没有经验的从业人员来说是一个有用的指引，但我们发现启发式方法经常会妨碍专家。公平地说，启发式方法是作为一种"支架"(scaffolding) 来帮助新手从业人员进行可用性检查的，所以无论如何不应与专家 UX 检查方法相提并论。

当我们看到其他人也发现实际的启发式方法同样无用 (Cockton et al., 2003; Cockton & Woolrych, 2001)，就更加肯定了一点。在他们的研究中，Cockton et al. (2003) 发现有的问题是专家通过检查 (inspection) 发现的，用启发式方法则没有发现。Cockton and Woolrych (2002, p. 15) 还声称"检查方法不鼓励分析师采取丰富或全面的视角"。虽然这可能适合启发式方法，但并不一定适合所有的检查方法。

任何检查方法 (包括 HE 方法) 的一个主要缺点是，新手从业人员可能会觉得启发式方法太好用，以至于认为它足以应对任何评估情况。由于它的使用方式，几乎没有迹象能让新手知道什么时候效果不好，什么时候应尝试不同的方法。

另外，和所有 UX 检查方法一样，HE 方法会产生大量的误报 (false positive)，即检查人员识别出的 "问题" 并不是真正的问题，或者并不是非常重要的 UX 问题。最后，和其他大多数分析 UX 评估方法一样，HE 方法在发现隐藏于幕后的可用性问题方面并不是特别有效，主要是涉及顺序和工作流程的问题。

25.6　我们的实用 UX 检查方法

我们将现有的 UX 检查方法合成为一种相对简单明了的方法。和启发式方法不同，它绝对适合 UX 专家而非新手。我们有时会让新手坐下来观察过程，作为一种学徒培训，但不会让他们自己进行这些检查。

25.6.1　谁在敲门

当然是老板。而你，作为一名 UX 专家，要按要求对原型、早期产品或正在考虑进行修订的现有产品进行一次快速的 UX 评估。你有一、两天的时间搞定并提供反馈。这个时候，你觉得如果能就 UX 缺陷给出一些有价值的反馈，可以给自己加不少分，下次或许就会在项目中担任更重要的角色。

那么，应该使用什么方法？已经没有时间去实验室，即使是一些 "标准" 的检查技术所花的时间也太长了，开销太大。现在，你需要的是一种实用、快速且高效的 UX 检查方法。作为解决方案，我们提供了一种在我们自己的实践中随时间推移而发展的方法。你几乎可在任何进展阶段应用此方法，但通常在早期阶段效果更好。我们相信，大多数现实世界的 UX 检查更像是我们的方法，而不是文献中描述的更复杂的检查技术。

25.6.2　以洞察力和经验为指导

我们不会直接或明确使用一个启发列表来驱动这种 UX 检查。在我们自己的行业和咨询经历中，从未发现特别有用的启发式方法。我们通过专注于任务和工作活动，基于实际使用情况来驱动我们的检查过程。但是，我们确实会利用我们在 UX 设计准则 (第 32 章) 方面的专业知识来确定哪些是真正的问题，并了解问题的性质和潜在的解决方案。

我们之所以喜欢一种基于使用 (usage-based) 的方法，是因为它允许从业人员更好地扮演用户的角色。使用这种方法，并凭借多年来磨砺出来的 UX 直觉，我们可以看到甚至预测 UX 问题，其中许多在纯粹的启发式聚光灯下可能看不出来。

25.6.3　在 UX 检查中使用共同发现或团队方法

作为检查人员的 UX 专家扮演 "UX 侦探" 的角色。为了辅助侦探工作，可以使用两个从业者，彼此作为对方的传声筒，在给予和接受的相互作用中，增强彼此的努力，以保持过程的顺利进行，促进检查人员不断出声思考并交换意见，并保持问题笔记的连贯性。

与客户、用户、设计师和其他熟悉总体系统的人组队通常也很有用，他们可以帮助弥补你在系统知识方面的任何不足，尤其是假如你没有在整个项目期间和团队一起工作。行业专家可加强你的用户代理角色，并带来更多行业知识 (Muller et al., 1998)。

25.6.4　以丰富而全面的面向使用的视角进行系统性的探索

作为检查人员，你不应只寻找与个别任务或功能相关的个别小问题。使用你全部的经验和知识来了解全局。密切关注工作流程的高级视图、功能的总成以及超越了可用性的情感影响因素。

对于设计必须支持的关键用户工作角色和关键用户任务，使用场景和设计场景 (9.7.1 节) 是需要重点关注的地方。

25.6.5　检查由任务和设计本身驱动

代表性用户任务使我们从用户的角度出发。通过自己探索任务，并利用我们自己的出声思考数据，我们能想象真实用户在使用过程中可能会遇到什么。层次化任务清单 (9.6 节) 有助于更好地理解任务结构并确保对任务范围的广泛覆盖。

通过交互设计本身进行检查，意味着在所有 UI 工件上尝试所有可能的操作，尝试所有 UI 对象，例如按钮、图标和菜单。它还意味着能即时抓住由设计的某些部分触发的线索和预感。

需要花多少时间？ 好的检查需要的时间和精力或多或少与系统的规模

(即用户任务、选择和系统功能的数量) 成正比。系统复杂性对检查时间和工作量的影响甚至更大。

需要的技能。 为了在检查设计时发现 UX 问题，需掌握的主要技能是侦探对好奇或可疑事件 / 现象的"鹰眼"。需要掌握设计准则和原则，而且要将之前见过的典型交互设计缺陷牢牢地记下来。真的有必要了解设计准则，并熟悉可能出现的问题，这样才能帮助你预测并快速发现同样的问题。

很快，你会发现检查过程会变成对关键事件、UX 问题和准则的一个快速核对。通过跟踪 UX 问题的线索，甚至可以发现任务中没有直接出现的问题。

25.6.6　需求金字塔各层的分析 UX 评估

无论使用哪种分析 UX 评估方法，都需要提出一些基本问题来帮助在需求金字塔各层中评估 UX。

- 生态层。
- 交互层。
- 情感层。

25.6.7　生态层检查

系统生态有意义吗？概念设计是否适合该领域设想的工作？如果不放心自己通过检查来评估概念设计，可使用焦点小组和类似的方法来评估生态层和早期漏斗中概念设计的有效性。

25.6.8　交互层检查

交互层是分析 UX 评估方法最常见的关注点，通常是为了在后期漏斗迭代中的任务级评估中发现 UX 问题。

25.6.9　情感层检查

过去，用于评估 UX 设计的检查几乎完全是在交互层进行的可用性检查。但通过强调情感影响问题，这种评估可以很容易地扩展成更完整的 UX 检查。过程本质上是相同的，但需要超越任务视图，了解总体的使用体验。要提出一些额外的问题。

在 UX 检查中需要考虑以下情感影响问题。

- 用起来有趣吗？
- 视觉设计是否有吸引力 (例如颜色、形状、布局) 和创意？

用户需求金字塔
pyramid of user needs

金字塔形状的一个抽象表示，底层为生态需求，中间层为交互需求，顶层为情感需求。(12.3.1 节)。

生态
ecology

在 UX 设计的背景下，生态是指用户、产品或系统与之交互的整个世界的周边部分，包括网络、其他用户、设备和信息结构 (16.2.1 节)。

- 设计可以在视觉、听觉或触觉上取悦用户吗？
- 如果目标是某种产品，则考虑下面几个问题。
  - 包装和产品呈现是否美观？
  - 开箱即用的体验令人兴奋吗？
  - 产品是否感觉坚固且易于握持？
  - 产品能否增加用户的自尊感儿？
  - 产品是否体现了环保和可持续发展？
  - 产品是否贴合组织的品牌形象？
  - 品牌形象是否代表进步、社会和公民价值？
  - 是否有机会在前面提到的任何领域中改善情绪影响？

还可以使用焦点小组 (25.3 节) 和 / 或共同发现来评估情感层。

对情感影响进行评估的问卷中的大多数问题也适合作为这里的检查问题。例如，借用来自 AttrakDiff 的属性：

- 系统或产品是否有趣？
- 是不是让人兴奋？
- 是否具有创新性？
- 是否让人有较强的参与感？
- 是否可以激励人？
- 是否令人产生渴望 (desirable) ？

练习 13.1：系统的 UX 检查

目标：练习进行一次 UX 检查。

活动：强烈建议使用在之前的练习中构建的线框原型堆叠 (wireframe prototype deck)。如原型不适合在 UX 检查中完成一次有效的练习，请选择一个应用程序或合适的网站作为检查目标。

如本章所述，进行一次基于团队的 UX 检查。

交付物：通过 UX 检查确定的 UX 问题列表。

时间安排：一个半小时。

共同发现
codiscovery
一种定性数据收集技术，两个或更多参与者以团队方式进行评估，通常会使用一种出声思考数据收集技术。两个人可以更自然地交谈，在对话互动中表达出多种观点 (21.4.2.3 节和 24.2.3.3 节)。

第 26 章

UX 评估：数据分析

东西如果没坏，也许是因为功能尚且不够多。

——无名氏

本章重点

- 分析定量数据：
    - 将结果与可用性目标进行比较
    - 决定是否可以停止迭代
- 分析定性 UX 数据
- 成本重要性分析以确定要修复的 UX 问题的优先级
- 实战经验

26.1 导言

当前位置

在每章的开头，都会以"当前位置"(You Are Here) 为题，介绍本章在"UX 轮"(The Wheel) 这个总体 UX 设计生命周期模板背景下的主题 (图 26.1)。本章要讨论如何分析你收集到的 UX 评估数据。无论数据是用什么评估方法获得的，都适合采用本章介绍的技术。

非正式总结性评估
informal summative evaluation

一种定量的总结性 UX 评估方法，在统计上不严格，不会产生统计上显著的结果 (21.1.5.2 节)。

总结性评估
summative evaluation

以评估、确定或比较参数 (例如可用性) 达到的级别为目标的一种定量评估，尤其适合评估因形成性评估而带来的用户体验改进 (21.1.5 节)。

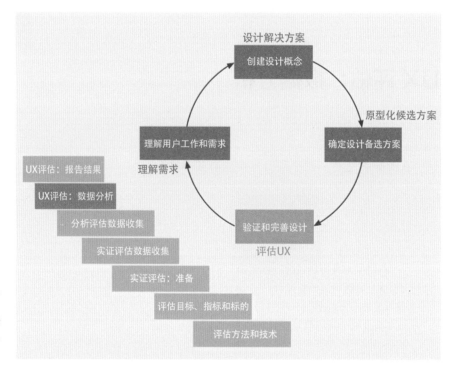

图 26.1
当前位置：在总体 UX 生命周期过程的"评估 UX"生命周期活动中进行数据分析。整个轮对应的是总体的生命周期过程

26.2　分析定量数据

如果从非正式总结性评估中收集了定量的 UX 数据，现在就是对其进行分析的时候了。

26.2.1　使用简单描述统计

我们说过，非正式定量数据分析不包括推理统计分析。相反，它使用简单的"描述性"语言来统计数据（例如平均值）来确定 UX 设计是否达到 UX 标的级别。如尚未符合这些标的，定性分析将指示如何修改设计以提高 UX 评级，并帮助在后续的形成性评估周期中朝着这些目标收敛。

分析定量数据的第一步是计算平均值或在 UX 标的（22.10 节）中列出的时间、错误计数、问卷评分等其他指标。

通常不需要担心标准偏差值。例如，假设三个参与者在特定任务的执行时间上都非常接近，或者三个问卷对一个问题的值几乎相同，这些数字应该会给你很大的信心。可以说这些平均值是有意义的。但是，如果差异很大，应找出存在这种差异的原因（例如，一个用户在遇到错误后花费了大量时间）。有时，这可能意味着应尝试找更多的参与者。

26.2.2　尽可能简单地处理主观定量问卷数据

有许多不同的问卷，其中一些——例如系统可用性量表 (Bangor, Kortum, & Miller, 2008)——具有评估和解释结果的专门方法。考虑到我们的目的，我们喜欢只使用平均值。例如，为获得基于问卷的一个度量的单一数值结果，我们可能使用问题 1、2、5 和 8 的平均分作为所有部分的平均分。或者，更常见的是，我们将平均所有参与者为所有问题的打分。

26.2.3　排列定量数据

1. 填写"观察到的结果"

计算好所有用户的定量数据的汇总统计后，将结果放到 UX 标的表 (UX target table) 最后的"观察到的结果"列中。例如，表 26.1 展示了使用第 22 章建立的一些 UX 标的对 TKS 进行假设性评估的部分结果。前两个标的（前两行）基于用户表现（用户绩效、用户性能）指标，输入的值分别是"3.5 分钟"，"2"个错误计数，以及问题 1 到问题 10 的平均问卷打分"7.5"。

表 26.1　售票机系统 (TKS) 的部分非正式定量测试结果示例

工作角色：用户类别	UX 目标	UX 度量	度量工具	UX 指标	基线级别	标的级别	观察到的结果	是否满足标的？
购票者：临时的新用户，临时性个人使用	快速上手	初始用户表现	BT1：购买特殊活动门票	平均任务时间	MUTTS 售票处测得 3 分钟	2.5 分钟	3.5 分钟	否
购票者：临时的新用户，临时性个人使用	新用户能快速上手	初始用户表现	BT2：购买电影票	平均错误数	<1	<1	2	否
购票者：临时的新用户，临时性个人使用	初始用户满意度	第一印象	QUIS 问卷中的问题 Q1–Q10	所有用户和所有问题的平均分	7.5/10	8/10	7.5	否

2. 填写"是否满足标的？"列

接着，直接将观察到的结果与指定的标的级别进行比较，从而立即判断在此形成性评估周期中哪些 UX 标的已经满足，哪些尚未满足。如表

参与者
participant

参与者，或称用户参与者，是帮助评估 UX 设计的"可用性"和"用户体验"的用户、潜在用户或用户代理人 (surrogate)。这些人在我们观察和度量时执行任务并提供反馈。由于我们希望邀请这些志愿者加入团队，带我们评估设计（换言之，我们希望他们参与进来），所以我们使用"参与者"一词来代替"主体"(subject)(21.1.3 节)。

主观 UX 评估数据
subjective UX evaluation data

基于评估人员或用户的意见或判断的数据 (21.1.4.2 节)。

26.1 所示，在 UX 标的表的右侧再添加一列来显示"是否满足 UX 标的？"可填的条目包括"是"(Yes)、"否"(No) 或"差不多"(Almost)。

查看表 26.1 的示例结果，可发现本轮评估没有满足这三个 UX 评估标的中的任何一个。对仍处于发展阶段的设计进行早期评估时，这其实并不罕见。

26.2.4　重大决定：可以停止迭代了吗？

现在是时候做出一个重大的项目管理决定了：是否应该继续迭代？该决定要由整个团队从全局的级别做出，而不能仅仅考虑定量数据。以下这些问题需要考虑。

- 是否同时实现了所有标的级别的目标 (target-level goal) ？
- 团队对概念设计、总体 UX 设计、隐喻和他们观察到的用户体验有何看法？
- 来自管理和营销的压力在这个决定中发挥了什么作用？

对这些问题的回答如果告诉你当前的设计可以接受，就可停止迭代。另外，也可能因为资源限制而被迫停止迭代，继续推出这个版本，并期待在下个版本中修复已知的缺陷。但是，如决定停止迭代，请不要丢弃定性数据。获得这些数据花费了不少力气，所以请保留此轮问题数据以备下次使用。

如果 UX 标的没有满足——第一个测试周期后极有可能——而且资源允许 (例如，时间或金钱都充足)，就需要进行迭代。这意味着需要分析 UX 问题，并重复整个生命周期，按照它们的成本和对用户体验的影响的优先顺序，找出解决问题的方法。

向优质用户体验收敛

我们之前多次提到，除了遵循一个特定的过程，还要多利用你自己的想法和经验。这里就是要用到自己的直觉的一个好地方。在迭代时，应关注多次迭代的定量结果：设计是否至少朝着正确的方向发展？

任何一轮设计更改都可能使 UX 级别变得更糟。如发现没有朝着"改进"收敛，为什么？对 UX 问题进行修复，是发现了存在但之前没有发现的问题，还是这个修复引发了新的问题？

26.3 分析定性 UX 数据

26.3.1 概述

我们的朋友惠特尼·奎森贝利(Whitney Quesenbery，代表作有中译本《用户体验设计：讲故事的艺术》) 向我们提供了她对于可用性问题分析方法的一个摘要 (她又从别人那里改编的)：

团队通常包括所有利益相关方，而非仅仅是 UX 人员，而且我们经常时间不足。首先，先同意我们所看到的。没有解释，只是观察。这让我们都处于同一个起点。然后，我们进行头脑风暴，直到就"这意味着什么"达成一致。然后，我们再对设计的解决方案进行头脑风暴。

定性数据的形成性分析是 UX 评估的基础。形成性数据分析 (formative data analysis) 的目标是识别 UX 问题和原因 (设计缺陷)，以便修复它们，从而改善产品的用户体验。确定如何将收集到的数据转换为预定设计和实现解决方案 (scheduled design and implementation solution)，该过程本质上是一种协商。在不同时间，项目团队的所有成员都参与这一协商过程。

26.3.2 分析准备步骤

1.让参与者在身边帮助进行早期分析

如采用典型的方法，直到数据收集数据分析的最后一名参与者离开，否则团队不会将注意力转向数据分析。但是，当不可避免需要向参与者提问时，这种方法会使问题分析人员处于不利地位。所以，建议在参与者仍然在场的时候，就着手分析每个参与者的定性数据，以填补缺失的数据并澄清含糊不清的问题。

2.原始 UX 数据的多个来源

无论原始评估数据的来源如何，本章所做的大部分数据分析本质上是相同的。

定性 UX 数据笔记可能包括以下内容。

- 关键事件评论。
- 用户出声思考评论。
- UX 检查笔记。

定性 UX 评估数据
qualitative UX
evaluation data

用于查找和修复 UX 问题的非数值描述性数据，例如通过观察用户任务表现所得 (21.1.4.1节)。

检查
inspection(UX)

一种分析评估方法，UX 专家通过观察或尝试来评估交互设计，有时会在一套抽象的设计准则的背景下进行。评估人员既是参与者的代理人 (participant surrogates)，也是观察者，他们会思考什么会对用户造成问题，并就预测的 UX 问题给出专业意见 (25.4节)。

3. 趁还记得住的时候整理原始数据

无论如何获得数据，此时可能仍然有大量原始数据笔记。许多笔记都是简单的观察性评论。如遇到以下情况，这些评论会出现难以扩展和解释的情况。

- 数据收集和分析之间存在延迟。
- 执行 UX 问题分析的人不是观察事件和记录评论的人。

所以，收集完数据之后，趁着详细数据还热乎的时候，就尽快捋一下 UX 数据笔记，整理并充实原始数据，尤其是情感影响数据。

26.3.3 定性 UX 数据分析步骤

图 26.2 展示了定性数据分析的步骤，每个步骤稍后会分小节讨论。

1. 收集原始的定性 UX 数据笔记。

2. 提取基本数据笔记 (就像我们在使用研究分析中做的那样)。每个基本数据笔记都应该只针对一个 UX 问题。

3. 将基本数据笔记编辑为 UX 问题描述。

4. 合并和同一个 UX 问题描述相关的多个笔记。

5. 对相关的 UX 问题描述进行分组，以便统一修复。

<table>
<tr><td>

基本数据笔记
elemental data note

来自使用研究或 UX 评估的一个数据笔记，它简明扼要，引用了或者与一个概念、想法、事实或主题相关 (8.2.2 节)。
</td></tr>
</table>

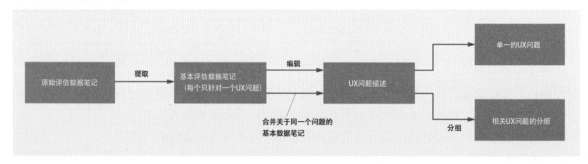

图 26.2
提取、编辑、合并基本 UX 评估数据笔记，并按 UX 问题描述进行分组

1. 收集原始的定性 UX 数据笔记

没有发现很多 UX 问题？最好再检查一下数据收集过程。我们很少 (基本没有) 遇到 UX 测试没有从一个 UX 设计中发现很多 UX 问题的情况。毕竟，缺少证据并不是说没有证据。

2. 提取基本数据笔记：每个只针对一个问题

有的时候，参与者可能同时遇到多个不同的 UX 问题，由此产生的 UX 数据笔记可能会引用所有这些问题。检查数据笔记，找出其中所有关于多个 UX 问题的，将它们分成多个基本数据笔记，每个笔记最后都只与一个 UX 问题有关。这与 8.2 节提炼原始使用研究数据笔记的过程一样。

下例来自我们针对 TKS 配套网站进行的一次 UX 评估会话。参与者正在执行一项基准任务，该任务要求她订购三张三大男高音演唱会 Three Tenors 的门票。在任务进行期间，她有时无法找到完成交易的按钮 (位于第一屏的下方，要向下滚动才能看到)。

当她最终向下滚动并看到按钮时，按钮标签上写着"提交"(Submit)。这个时候，她说："我不确定点击这个按钮是让我核对订单还是立即发送。"这是一个关键事件笔记的例子，需分解为两个单独的基本笔记。

1. 按钮没有在立即能看到的位置。

2. 标签不够清晰，无法帮助用户做出自信的决定。

3. 将基本数据笔记编辑为 UX 问题描述

在 UX 数据分析中，必须对原始 UX 数据笔记进行整理，提取与 UX 相关的基本问题信息。在将 UX 数据笔记编辑为 UX 问题描述的过程中，需要厘清措辞，消除不相干的噪音，填补遗漏的说明，生成完整的句子，而且通常要使所有团队成员都能读懂描述。这也是对问题描述的价值进行现实检查的好时机，只保留代表值得修复的"真实"UX 问题的那些描述。

取决于项目的规模和复杂性，可将 UX 问题描述输入字处理软件或电子表格来简化对 UX 问题描述的管理。越早将原始的关键事件笔记打包为数据记录，向后续数据分析过渡就越方便。

每个 UX 问题描述在创建时，不仅要考虑用户，还要考虑 UX 团队。这意味着要包含足够的信息，使 UX 问题描述对数据分析尽可能有用，使团队成员可以从中有所发现。

- 在其使用场景中了解问题。
- 深入了解其原因和可能的解决方案。
- 注意类似问题之间的关系。
- 提出合适的重新设计解决方案。

为此，我们建议考虑包括以下类型的信息。

问题名称：这样人们可在其他上下文和讨论中引用它。

问题陈述：用一句话总结用户体验到的效果或结果，但不要在这里推荐解决方案。开始考虑解决方案时，需确保自己有灵活的选项。

用户目标和任务信息：此信息提供问题的上下文，以了解用户在出问题时正在尝试执行的操作。

　　用户试图做什么，但发生了什么，以及为什么：很重要的一点是解释实际发生了什么，以及对设计的哪些错误假设或对设计如何运作的误解导致了它。另外，解释用户本来应该做什么。

　　原因和可能的解决方案：虽然一开始可能不知道问题的原因或可能的解决方案，但如果知道或有任何想法，应在这里予以说明。

4. 合并相合的数据笔记

　　很可能遇到关于同一 UX 问题的多个不同的数据笔记，尤其是使用多名参与者执行相同的任务时。我们使用"相合"(congruent) 一词来指代关于同一底层 UX 问题 (而不是相似的问题或同一类的问题) 的多个 UX 数据笔记。

　　将这些笔记编辑为 UX 问题描述时，如该数据笔记已有对应的 UX 问题描述，就把它合并到现有问题描述中。

　　如果无法确定两个问题描述是否与同一个底层问题有关，Capra(2006, p. 41) 提出了一个实用的基于解决方案的判断依据："如果修复问题 A 会同时修复问题 B，而且修复问题 B 会同时修复问题 A，则认为问题 A 和问题 B 是相同的 [全等]"Capra 的方法基于在对 CUE-4 中收集的 UX 报告进行分析时采用的判断依据 (Molich & Dumas, 2008)。该判断依据还有一个好处，它排除了一个问题是另一个问题的子集的情况。

　　例如，在我们的 TKS 评估中，一个 UX 问题描述指出参与者对标有"提交"(Submit) 的按钮感到困惑，不知道应点击该按钮以继续交易，为买到的票付款。另一个 (相合的)UX 问题描述 (是一名不同的参与者遇到的) 说参与者抱怨按钮标签"提交"让人搞不清楚是什么意思，说它无助于理解如果点击该按钮会去哪里。

5. 分组相关 UX 问题描述以便统一修复

　　UX 问题可通过多种不同的方式联系起来，以便一次性全部修复。

- 问题可能具有物理或逻辑上的相似性 (例如，可能涉及同一对话框中的对象或操作)。
- 问题可能涉及同一任务中使用的对象或操作。
- 问题可能属于同一类问题或设计特性，但分散于整个 UX 设计中。
- 可能是需要以相似方式处理的一致性 (或其他) 问题。

■ 观察到的问题描述是其他常规的、根深蒂固的 UX 问题的一种间接
症状。

□ 这种根深蒂固的问题的一个明显迹象是其分析的复杂性和难度。
基本思路是创建一个通用的解决方案，它可能比单个问题所需的更通
用，但对整个团队来说是最有效和最一致的。.

示例：为 TKS 对相关的问题进行分组

经许可改编的表 26.2 来自我们课程的一个学生团队。第 2 列包含 5 个
UX 问题，全都与座位类别的可区分性 (例如可用性) 有关。最右边一列包
含建议的解决方案。

这些问题可能表明一个更广泛的设计问题：工作流程的"选座"部分
缺乏有效的视觉设计元素。可将所有这些问题分为一组，并针对这一问题
组提出解决方案：

组 1：选座工作流程的视觉设计。

组 1 的解决方案：全面修改选座工作流程的所有视觉设计元素。相应
更新样式指南。

样式指南
style guide

由设计师制作和维护的
文档，用于捕获和描述
视觉和其他一般设计决
策的细节，特别是关于
屏幕设计、字体选择、
图标和颜色使用的细
节，可在多个地方应
用。样式指南有助于设
计决策的一致性和重用
(17.8.1 节)

表26.2　电子表格中一组相关的UX问题和解决方案(感谢Sirong Lin 和她的学生项目团队)

座位类别可用性问题	9. 用户期望座位布局图，但最开始没有看到相应的按钮；一直找不到"查看座位"(View Seats)	将布局中的"查看座位"按钮与其他座位购买任务控件分成一组
	13. 对于"所选座位"(Selected Seats)，没办法区分池座和包厢座位，因其使用相同的编号方案	用不同编号方案区分大厅和楼厅座位
	20. 在"查看座位"视图中，参与者无法确定哪些座位已经售出，所用的颜色令人困惑	使用不同的图标和 / 或颜色来区分哪些座位已售出
	25. 忽略了蓝色座位区域可以点击放大，从而查看可用位的详细视图的事实。用户认为蓝色座位区域不能详细显示哪些座位可用	清楚说明蓝色座位区域是可点击的。点击后将显示详细的座位信息，如位置、价格等。添加图例来解释不同颜色的含义
	26. 座位可用性颜色编码方案有问题。颜色无法区分（色盲）。在详细座位视图中，不好从红色和蓝色中区分出紫色。此视图中的标签不够清晰。可能应该使用更粗的字体（或许加粗即可）	将颜色更改为更好的组合，使用户能清楚区分不同类别的座椅。使用更粗的字体

6. 使用研究分析工具在这里也能发挥作用

对于有大量 UX 数据笔记的项目，可能需要一种方法来组织所生成的
UX 问题描述，使其具有逻辑上的意义。这通常意味着需要对其进行分类，
按特性、功能区域、任务、用户活动等。将问题描述放到一个亲和图中，
有以下好处。

- 找出相合的那些。
- 找出可分为一组的问题描述，以便统一解决。

7. 组内更高级的常规问题

若 UX 问题数据包含许多非常相似的关键事件或问题，可将这些描述分成一组，因为它们密切相关。然后，就这一组中的问题找出共性。

但有的时候，真正的问题隐藏在这一组问题表现出来的共性之后。当前看到的问题只是更高级别问题的一种症状。这时，也许必须推断更高级别的问题才是这些共同的关键事件的真正推手。

例如，在我们评估的一个应用程序中，用户无法理解几个不同的、古怪的、应用程序特有的标签。我们首先尝试更改标签措辞，但最终意识到他们之所以不"明白"这些标签，真正原因是他们不了解概念设计的一个重要方面。在没有提高他们对模型的理解的情况下更改标签并不能解决问题。

26.3.4　UX 问题数据管理

在大型项目中管理大量 UX 问题描述可能成为一项挑战，此时或许不得不采用数据库管理方法。需要针对自己的项目自己决定如何做。28.10 节更多地讲述了对 UX 问题数据的管理。

26.3.5　快速定性数据分析

对于一种定性数据分析的快速方法，要注意两点。

- 只需要在数据收集会话期间实时记录 UX 问题。
- 会话结束后，立即根据笔记添加 UX 问题记录。

作为一种替代方案，如果有必要的简单工具来创建 UX 问题记录，要注意几点。

- 在会话期间遇到每个 UX 问题时创建 UX 问题记录。
- 会话后立即扩充并填写记录中缺失的信息。
- 分析每个问题，关注问题的真正本质，并记录原因（设计缺陷）和可能的解决方案。

26.4　成本重要性分析：确定问题修复优先级

成本重要性分析 (cost-importance analysis) 根据优先级比率对修复 UX 评估所发现的 UX 问题的时间和精力进行优先级排序。优先级比率 (priority ratio) 是将进行更改的重要性除以成本计算出来的。

我们当然希望在每次评估迭代后修复所有已知的 UX 问题。但由于资源有限，时间又短，我们不得不采取排列问题修复优先级的工程方法。

之所以称为成本重要性分析，是因为它需要计算修复问题的成本和修复问题的重要性之间的权衡。无论使用何种评估方法或数据收集技术，任何 UX 问题列表都适合进行成本重要性分析。

虽然这些简单的计算可以手动完成，但这种分析非常适合使用简单的电子表格。表 26.3 是我们准备使用的成本重要性表的基本形式。

表 26.3　成本重要性表的基本形式

问题	重要性	解决方案	成本	优先级比率	优先级	累计成本	决议

26.4.1　问题

从表 26.3 最左边的列开始，我们输入问题的简要描述。需要了解更多详情的分析师可查阅原始问题数据笔记。我们将使用 TKS 的一些示例 UX 问题来说明我们如何填写成本重要性表中的条目。

在我们的第一个示例问题中，用户已选好要购票的活动，并已选好各种参数（日期、场馆、座位、价格等），但没有意识到需点击"提交"(Submit)按钮才能完成与活动相关的选择并继续到支付屏幕。所以，我们在表 26.4 的第一列输入此问题的简要描述。

表 26.4　在成本重要性表中输入问题描述

问题	重要性	解决方案	成本	优先级比率	优先级	累计成本	决议
用户没有意识到需要点击"提交"按钮才能继续付款							

26.4.2　修复的重要性

下一列用于估计在不考虑成本的前提下修复问题的重要性。虽然重要性包括问题的严重程度或关键程度（这是其他作者最常用的）但该参数还可以包括其他考虑因素。基本思路是捕捉问题对用户表现（用户绩效、用户性能）、用户体验以及总体系统完整性和一致性的影响。

重要性还可包括无形因素，例如管理和营销的"感受"，以及对不解决问题所引发的成本的考虑，例如，如果用户满意度较低的话会不会有影响。

由于重要性评级只是一个估计值，所以我们为这些值使用了一个简单的量表。

- 重要性 = M：无论如何都必须修复。
- 重要性 = 5："必须修复"类别之后要修复的最重要的问题。
  - 涉及的 UX 特性是完成任务的关键。
  - UX 问题对任务表现或用户满意度有重大影响 (例如，用户无法完成关键任务或很难完成)。
  - UX 问题预计会频繁发生和 / 或可能导致代价高昂的错误。
- 重要性 = 3：中等影响的问题
  - 用户可以完成任务，但有一些困难 (例如，会引起困惑并需要一些额外的努力才能完成)。
  - 问题引起了普通意义上的不满。
- 重要性 = 1：低影响的问题
  - 该问题不影响任务表现，或者不是特别不满 (例如，轻微的用户困惑、烦恼或外观问题)，但仍然值得列出。

事实证明，这个相当粗略的重要性评级量表对我们很有用。你可以自定义以满足自己的项目需求。

重要性评级调整

还需要一些灵活性来分配中间值，所以我们允许使用重要性评级调整因子 (importance rating adjustment factor)，其中主要的一个是预计的发生频率。如果预计此问题会经常发生，可将重要性评级上调一个值。

相反，如预计不会经常发生，可将评级降低一个或多个值。Karat, Campbell, and Fiegel(1992) 将发生频率与问题严重性分类联系起来，他们问：在所有受影响的用户类别中，用户遇到这个问题的频率如何？

以 TKS 关于用户不知道要点击"提交"按钮才能去到支付屏幕为例。由于这并没有被证明是一个重大阻碍，我们最初只给它分配了 3 的重要性。但是，因为几乎每个用户在几乎每笔交易中都会遇到它，所以我们将它"提升"到 4，如表 26.5 所示。

可学习性 (learnability) 也可以是一个重要的调整因素。有的问题在第一次遇到时影响最大。之后，用户很快就学会了克服 (变通) 问题，所以对后续使用没有太大影响。这时可能需要降低重要性评级。

表 26.5　在成本重要性表中输入估计的修复重要性

问题	重要性	解决方案	成本	优先级比率	优先级	累计成本	决议
用户没有意识到需要点击"提交"按钮才能继续付款	4						

26.4.3　解决方案

成本重要性表的下一列是问题的一个或多个候选解决方案。解决 UX 问题是重新设计，它仍然是一种设计，所以应使用与原始设计相同的方法和资源，包括查询使用研究数据。其他可能有帮助的资源和活动包括设计原则和准则、构思和草图、对其他类似设计的研究以及用户和专家建议的解决方案。如果将更多的培训或更好的文档视为 UX 问题的解决方案，那么几乎从来都没有好结果，那是在修复 (修理) 用户，而非修复 UX 设计。

示例：TKS 问题的解决方案

回到 TKS 中令人困惑的按钮标签，一个明显且廉价的解决方案是更改标签措辞，以更好地表示如果用户点击该按钮，交互将发生在哪里。或许"继续付款" (Proceed to payment) 对大多数用户来说更有意义。

表 26.6 的"解决方案"列中对我们提出的修复方案进行了简要描述。

表 26.6　在成本重要性表中输入解决方案

问题	重要性	解决方案	成本	优先级比率	优先级	累计成本	决议
用户没有意识到需要点击"提交"按钮才能继续付款	4	将标签文本更改为"继续付款"					

26.4.4　修复的成本

在"成本"列输入解决此问题的估计成本。应使用在项目当前开发阶段修复设计所需的成本。例如，解决纸质原型中几乎所有问题的成本都很低，甚至包括头脑风暴出一个解决方案的成本。但在后期阶段，对于中高保真原型和编好程的原型，成本就可能高出许多。

准确估计修复给定 UX 问题的成本需要练习；这是一种后天获得的工程技能。但这并不是什么新鲜事。在各种工程和预算情况下进行成本估算是我们工作的一部分。对于我们的分析，成本是根据所需资源来表示的，这几乎总是转化为所需的工时。

由于这是一个不精确的过程，我们通常会将小数值四舍五入以保持简单。进行成本估算时，不要只包括实现更改的成本；还必须包括重新设计和讨论的成本，有时甚至要包括一些原型设计和实验成本。如果有一个编好程的原型，可能需要软件开发人员的协助来估算实现成本。

由于在 TKS 中更改标签的措辞非常容易，所以在表 26.7 的成本列中输入 1 个工时。

表 26.7　在成本重要性表中输入估计的修复成本

问题	重要性	解决方案	成本	优先级比率	优先级	累计成本	决议
用户没有意识到需要点击"提交"按钮才能继续付款。	4	将标签文本更改为"继续付款"。	1				

1. 问题组的成本值

表 26.8 展示了在成本重要性表中包含一个问题组的例子。注意，该组的成本高于任何单一问题的成本，但低于它们的总和。

表 26.8　在成本重要性表中输入问题组的修复成本

问题组	问题	重要性	解决方案	问题组解决方案	单个的成本	整个组的成本
购票交易流程	7. 用户想先输入或选择日期和场馆再点击"购票"，但 UX 设计要求他们在输入票的具体信息之前先点击"购票"	3	修改流程，使两种顺序都可以，并相应地加上标注。	建立更全面、更灵活的交易流程模型，并添加标注进行解释。	3	5
	17. "购票"按钮让用户进入选票屏幕并选择各种参数，但用户没有意识到必须继续到另一个屏幕为选好的票付款		为这个提供更好的标注。		3	

2. 根据后续反馈进行校准：比较实际成本与预估成本

为了更好地掌握成本估算，并校准你预估修复成本的工程能力，我们建议在成本重要性表中添加一列来显示实际成本。完成解决方案的重新设计并实现之后，应记录各自的实际成本，并与你之前的预估进行比较。这样可了解自己做得怎么样，并帮助自己提高估算能力。

26.4.5　优先级比率

成本重要性表中的下一列是优先级比率 (priority ratio)，是我们用来确定解决问题的优先级的指标。我们想要的是一个能奖励高重要性但惩罚高成本的指标。一个简单的重要性与成本的比率符合这一目标。直观上，高重要性会提高优先级，但高成本会降低优先级。由于成本和重要性的单位通常会为优先级比率产生一个小数值，所以通过将其乘以任意因子 (例如1000) 将其放大至整数范围。

如重要性等级为"M"（即无论如何必须修复），则优先级比率也是"M"。

对于所有数值形式的重要性，优先级比率公式如下：

优先级比率 = （重要性 / 成本）× 1000

示例：TKS 问题的优先级比率

对于我们的第一个 TKS 问题，优先级比率是 (4/1) × 1000 = 4000。我们把它输入成本重要性表，如表 26.9 所示。

表 26.9 将计算的优先级比率输入成本重要性表

问题	重要性	解决方案	成本	优先级比率	优先级	累计成本	决议
用户没有意识到需要点击"提交"按钮才能继续付款	4	将标签文本更改为"继续付款"。	1	4000			

在这个例子的下一部分，我们添加了更多 TKS UX 问题来充实该表格，如表 26.10 所示

表 26.10 更多 TKS 问题的优先级比率

问题	重要性	解决方案	成本	优先级比率	优先级	累计成本	决议
用户没有意识到需要点击"提交"按钮才能继续付款	4	将标签文本更改为"继续付款"。	1	4000			
没有意识到"计数"(counter) 是指票数。结果，用户甚至没有考虑他需要多少票	M	移动票数信息并添加标注。	2	M			
不确定今天的日期和要买哪一天的票	5	添加"当前日期"字段，并准确标注所有日期。	2	2500			
用户担心自己走开后，屏幕上的隐私会暴露给其他人	5	添加一个超时自动退出的特性，到时就自动清除屏幕。	3	1667			
用户对"选择领域"(Choose a domain) 屏幕上的"剧院"(Theatre) 感到困惑。以为是要自己选一家实体剧院（作为场馆），而它真正的意思是选择剧院（戏剧）艺术类别	3	把标签文本改为"剧院艺术"。	1	3000			
因为缺少搜索功能而不便查找想要的活动	4	设计并实现一个搜索功能。	40	100			

续表

问题	重要性	解决方案	成本	优先级比率	优先级	累计成本	决议
即使显示了剧院的地理信息，也搞不清在哪里	4	重新设计图形表示以显示搜索半径。	12	333			
不喜欢第二个屏幕上的"返回"(Back) 按钮，因为第一个屏幕就是一个"欢迎"屏幕	2	将其删除。	1	2000			
购票交易流程 (这是问题组；参见表 26.8)	3	建立更全面、更灵活的交易流程模型，并添加标注进行解释。	5	600			

注意，虽然修复缺少的搜索功能 (表 26.10 第 6 行) 具有很高的重要性，但其高成本导致优先级比率很低。所以，未来可考虑为它指定"重要性 = M"评级。另一方面，倒数第二个问题 (关于欢迎屏幕的返回按钮) 的重要性只有 2，但低成本将优先级提高到相当高的水平。解决它花费不多，可以很快消除它以免碍眼。

26.4.6 优先级

下一步是按优先级比率对成本重要性表进行排序，以获得最终的优先级排名，即修复问题的顺序。

首先，将优先级比值为"M"的所有问题移至表格顶部。无论成本，这些都是必须修复的问题。然后，按优先级比例降序排列表格的其余部分。这会将高重要性、低成本的问题 (如图 26.3 左上象限的 A 所示) 置于优先级列表的顶部。这些是首先要修复的问题，修复后将带来最大的收益。

你可能以为，现实世界没有多少高重要性、低成本的问题。你以为必须为得到的东西付出代价。但事实上，我们在早期迭代中经常发现很多这样的问题。一个很好的例子是措辞不好的按钮标签。它可能完全将用户搞晕，但通常几乎不需要付出什么修复成本。

相比之下，排在优先级列表底部的 UX 问题修复成本高昂，收益却相对较小。你可能不会费心去修复这些问题，如图 26.3 右下象限的 B 所示。

象限 A 和 B 能很好地进行优先级排序。但是，象限 C 和 D 可能需要更多的思考。象限 C 代表修复成本低、重要性也低的问题。你通常会直接修复它们，以免它们碍眼。最困难的选择在象限 D，因为尽管很重要，但修复成本也最高。

这里没有固定的公式，所以需要有较强的工程判断力。也许是时候申请更多资源来解决这些重要问题。从长远看，这通常是值得的。

表 26.11 是 TKS 的示例 UX 问题的成本重要性表，按优先级比率排序，已输入了累计成本。"负担能力线"显示了这一轮问题修复能承受的最长时间。

表 26.11　TKS 按优先级比率排序的成本重要性表

问题	重要性	解决方案	成本	优先级比率	优先级	累计成本	决议
没有意识到"计数"(counter) 是指票数。结果，用户甚至没有考虑他需要多少票	M	移动票数信息并添加标注	2	M	1	2	
用户没有意识到需要点击"提交"按钮才能继续付款	4	将标签文本更改为"继续付款"	1	4000	2	3	
用户对"选择领域"(Choose a domain) 屏幕上的"剧院"(Theatre) 感到困惑。以为是要自己选一家实体剧院 (作为场馆)，而它真正的意思是选择剧院 (戏剧) 艺术类别	3	把标签文本改为"剧院艺术"	1	3000	3	4	
不确定今天的日期和要买哪一天的票	5	添加"当前日期"字段，并准确标注所有日期	2	2500	4	6	
不喜欢第二个屏幕上的"返回"(Back) 按钮，因为第一个屏幕就是一个"欢迎"屏幕	2	将其删除。	1	2000	5	7	
用户担心自己走开后，屏幕上的隐私会暴露给其他人。	5	添加一个超时自动退出的特性，到时就自动清除屏幕	3	1667	6	10	
购票交易流程 (这是问题组；参见表 26.8)	3	建立更全面、更灵活的交易流程模型，并添加标注进行解释	5	600	7	15	
负担能力线 (16 工时——2 个工作日)							
即使显示了剧院的地理信息，也搞不清在哪里	4	重新设计图形表示以显示搜索半径	12	333	8	27	
因为缺少搜索功能而不便查找想要的活动	4	设计并实现一个搜索功能	40	100	9	67	

26.4.7　累计成本

下一步很简单。在表格的"累计成本"列，是按优先级排序的修复每个问题的成本加上修复表中之前所有问题的成本。表 26.11 的 TKS 成本重要性表展示了我们的具体做法。

26.4.8　负担能力线

团队领导或项目经理应事先确定你的"资源限制"，即负担得起的、分配给当前迭代周期的设计更改的工时。例如，对于 TKS，我们的时间很紧张，只有大约 16 个工时。

那么就画一条"负担能力线"，即成本重要性表中的一条水平线，位于表中累计成本值首次超出资源限制的那个表行的上方。对于 TKS，负担能力线出现在表 26.11 中累计成本达到 27 的那个表行的上方。

如果有时间进一步了解过程，那么在如图 26.3 所示的成本重要性空间中把问题画出来可能会很有趣。

有的时候，这种图示可帮助你深入了解过程，尤其是当问题成群结队出现的时候。此时的负担能力线将是一条垂直线，它在"成本"轴上切入的正好是能在此次迭代中修复所有问题所能承担的成本。

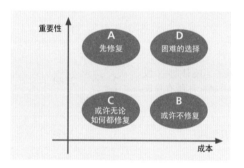

图 26.3
排定要修复的问题的优先级
时，重要性和成本的关系

26.4.9　得出结论：针对问题的决议

是时候为成本重要性分析带来回报了。现在可以决定每个问题该如何解决。

首先必须处理"必须修复"(must fix) 的问题，这些会影响全局。如果有足够的资源；换言之，如果所有"必须修复"的问题都在负担能力线之上，就把它们全都修复。如果没有，那就糟糕了。如果真的没有足够的资源，某些人 (如项目经理) 今天就必须做出艰难的决定来证明自己拿的薪水和自己的能力是匹配的。

"必须修复"问题的极端成本可能使其无法在当前版本中修复，否则肯定会导致成本超支。但是，这最终可能必须由公司政策、管理层、市场部门等决定。这是坚守你的原则以及迄今为止你在此过程中所付出的一切的重要时刻。已经花了不少钱才找出这些问题，为什么要因为一些并非不能克服的限制就轻言放弃呢？预算和时间表均临时，质量恒久远。

　　有的时候，你有资源来解决"必须修复"的问题，但就没有资源留给其他问题。幸好，我们的例子有足够的资源来解决更多问题。

　　取决于与负担能力线的相对接近程度，必须从以下选择中选一个来决议所有其他问题。

- 立即修复。
- 时间允许就修复。
- 重新进入"观望名单"。
- 下个版本再说。
- 无限期推迟；也许永远不会修复。

　　在成本重要性表的最后一栏，写下你对每个问题的最终决议，就像我们在表 26.12 中对 TKS 所做的那样。

表 26.12　TKS 的问题决议

问题	重要性	解决方案	成本	优先级比率	优先级	累计成本	决议
没有意识到"计数"(counter) 是指票数。结果，用户甚至没有考虑他需要多少票	M	移动票数信息并添加标注	2	M	1	2	在这个版本中修复
用户没有意识到需要点击"提交"按钮才能继续付款	4	将标签文本更改为"继续付款"	1	4000	2	3	在这个版本中修复
用户对"选择领域"(Choose a domain) 屏幕上的"剧院"(Theatre) 感到困惑。以为是要自己选一家实体剧院 (作为场馆)，而它真正的意思是选择剧院 (戏剧) 艺术类别	3	把标签文本改为"剧院艺术"	1	3000	3	4	在这个版本中修复
不确定今天的日期和要买哪一天的票	5	添加"当前日期"字段，并准确标注所有日期	2	2500	4	6	在这个版本中修复
不喜欢第二个屏幕上的"返回"(Back) 按钮，因为第一个屏幕就是一个"欢迎"屏幕	2	将其删除	1	2000	5	7	
用户担心自己走开后，屏幕上的隐私会暴露给其他人	5	添加一个超时自动退出的特性，到时就自动清除屏幕	3	1667	6	10	在这个版本中修复
购票交易流程 (这是问题组；参见表 26.8)	3	建立更全面、更灵活的交易流程模型，并添加标注进行解释	5	600	7	15	在这个版本中修复

问题	重要性	解决方案	成本	优先级比率	优先级	累计成本	决议
负担能力线 (16 工时到 2 个工作日)							
即使显示了剧院的地理信息，也搞不清在哪里	4	重新设计图形表示以显示搜索半径。	12	333	8	27	推后到下个版本
因为缺少搜索功能而不便查找想要的活动	4	设计并实现一个搜索功能。	40	100	9	67	推后到下个版本

　　最后检查一下表格；看看在负担能力线下方还剩下什么。这是你所期望的吗？能忍受不对那条线之下的东西进行修复吗？没关系，因为我们的工程方法追求的是成本效益而非完美。 有的时候，甚至可能不得不面对这样一个事实：因为成本太高，一些重要的问题就是无法修复。

26.4.10　特殊情况

1. 决胜局

　　有的时候，优先级排名会出现不分上下的情况。如果没有发生在负担能力线附近，就不需要特殊处理。极少数情况下，它们会跨越负担能力线。此时，几乎可以采用任何实用的方式打破平局；例如，你的团队成员可能有个人的偏好。

　　如果是要求更高的系统 (例如空中交通管制系统)，以免出问题 (尤其是危险的用户错误) 的重要性高出了对成本的考虑，那么可以在优先级比率公式中为重要性增加比成本更大的权重来打破平局。

2. 涉及多个问题解决方案的成本重要性分析

　　有的时候，一个问题可能存在多个解决方案。可能稍加思索后得到一个似乎最佳的解决方案。但经过深思熟虑后，发现问题仍然可以通过多种方式来解决。在这种情况下，可将所有解决方案都用上并进行分析，直至最终能确定。

　　如所有解决方案的修复成本相同，你和你的团队只需做出一个工程决策就可以了。这可能涉及把它们全部都实现，并重新测试，使用进一步的原型设计来评估这一特性的各种替代设计解决方案。

　　但是，不同的解决方案通常在成本和 / 或有效性上都有一些区别。也许其中一种方案更便宜，但另一种更可取或更有效；换言之，将最终选定的解决方案及其成本输入成本重要性表之前，需要进行一番成本效益权衡 (cost-benefit tradeoff)。

3. 跨越负担能力线的问题组

如果在负担能力线那里正好有一个相关问题的分组，那么工程上的答案是在资源耗尽之前尽力而为。如有必要，将该组分开并尽可能多地修复其中的问题。下次迭代时，给组内其他问题一个更高的重要性级别。

4. 情感影响问题的优先级

修复情感影响问题的优先级可能难以评估。它们通常非常重要，因其可能代表产品或系统的形象以及市场声誉。它们也可能代表高昂的修复成本，因其通常需要更广泛的重新设计视图，而不能像解决可用性问题那样只关注设计的某个细节。

此外，情感影响问题通常不仅仅涉及重新设计，还可能需要更多地去了解用户和工作或娱乐环境。这意味着要在整个过程中追溯回使用研究，以及概念设计的一个新方法。由于业务和营销的需要，可能必须将一些情感影响问题移到"必须修复"类别中，并竭尽所能生成出色的用户体验。

26.4.11　快速成本重要性分析

作为成本重要性分析过程的一个快速版本，其特点如下。

- 将问题列表放到电子表格或类似文档中。
- 将其投影到房间中的一个屏幕上，由相关团队成员决定解决问题的优先级。
- 根据小组对每个问题相对重要性和成本的看法，讨论首先解决哪些问题，不分配具体数值。
- 以小组形式对问题进行"冒泡排序"(bubble sort)，要优先解决的问题会浮到列表的顶部，而 (至少在这次迭代中) 无法解决的问题会沉到列表的底部。
- 对问题优先级的相对顺序感到满意后，从列表自上而下解决问题，并在时间或金钱耗尽时停手。

26.5　从过程获得反馈

经历 UX 过程生命周期的一次迭代后，现在不仅要反思设计本身，还要反思过程的运作情况。如测试后怀疑量化标准不太对头，可能就要检查 UX 标的 (UX target) 的设置。

例如，如果在第一轮评估中达到或超过了所有标的级别 (target level)，则几乎可以肯定是 UX 标的过于宽松。即使在以后的迭代中，如果所有 UX

标的都得到满足，但在评估会话期间的观察表明参与者感到沮丧，而且执行任务时的表现很差，直觉就会告诉你，该设计在 UX 质量方面仍然不可接受。然后，很明显，UX 团队应重新审视并调整 UX 标的，或在评估成功的标准中添加更多要考虑的因素。

接着，问自己基准任务是否以最有效的方式支持评估过程。它们应该更简单或更复杂，更窄还是更宽？是否应该重新措辞任何基准任务描述，以澄清或减少有关如何执行任务的信息？

最后，评估整个过程对团队的效果如何。坐下来，讨论它，并记录下一次可能的改进，没有比现在更好的时候了。

26.6　实战经验

26.6.1　洋葱圈效应

有很多原因需要对 UX 生命周期的设计 - 评估 - 重新设计部分进行多次迭代。当然，主要原因是继续发现和修复 UX 问题，直到满足 UX 标的值。另一个原因是要确保你的"修复"没有引起新问题。毕竟，修复本质上是新的和未经测试的设计。

此外，在解决问题的同时，可能发现被原始问题掩盖的新 UX 问题。直到通过解决"外部"问题剥掉了洋葱外面的一层皮，参与者和评估者才能看到这些新问题 [1]。

26.6.2　将 UX 数据作为反馈来改进过程

在我们的分析中，我们还会一直寻找问题的过程原因。有时值得花时间检查 UX 过程以找出导致 UX 问题的设计缺陷的原因及其在过程中的位置。在这个位置，如果能做一些不同的事情，或许就能避免特定类型的一种设计缺陷。如遇到过多特定类型的 UX 问题，而且可以确定如何修改过程来避免，就可修复过程的那一部分，避免未来设计中类似问题的发生。

例如，如果发现大量 UX 问题涉及令人困惑的按钮 / 图标标签或菜单选项，或许就可考虑在设计过程中提供一个位置来提前解决这些问题。在这个位置，需要特别仔细地检查遣词造句是否准确，是否可能造成歧义等。甚至可以考虑聘请专业作家加入 UX 团队。我们就遇到过这样的一个案例。为了图方便，一个项目团队一直让他们的软件程序员负责在代码中遇到需

---

[1]　感谢 Wolmet Barendregt 提供这个洋葱圈的隐喻。

要时就自己撰写错误消息。这种做法是程序员经常还要负责大部分 UI 的时代遗留下来的。可以想象，这些错误消息并不是特别靠谱。我们帮助他们采用更结构化的错误消息撰写方法，让 UX 从业者参与进来，同时不会过度中断他们过程的其余部分。

类似地，涉及用户身体操作的大量问题是出现了设计问题的迹象，可通过聘请人体工程学、人因工程和物理设备设计方面的专家来解决这些问题。最后，涉及设计视觉方面的大量问题，例如颜色、形状、定位或灰度，可能表明需要聘请平面设计师或布局艺术家。

练习 26.1：系统的 UX 数据分析

目标：练习一次非常简单的形成性 UX 评估中的"分析"部分。

活动：如果是团队协作，请召集你的团队，包括你之前挑选的任何新参与者。

填写 UX 标的表的"观察到的结果"列。

和团队一起整理并比较定量结果，以确定是否满足了 UX 标的。

检查原始关键事件笔记，建立一个 UX 问题列表。

组织 UX 问题列表并进行成本重要性分析。在纸质或电子表格版的成本重要性表中，列出来自关键事件的十几个或更多 UX 问题。

为每个观察到的待修复的问题进行重要性评级。提出解决方案（无需完成全部的重新设计工作）。

将相关问题分为一组，作为单个问题列出。为每个解决方案分配成本值（以工时为单位）。

计算优先级比率。

整理结果：

将"必须修复"问题移至成本重要性表的顶部。

按优先级比率对剩余问题进行降序排序，以确定最终的 UX 问题优先级。

填写"累计成本"列。

为可用时间资源假设一个值（仅供练习）。

画出负担能力线。

在"决议"列做出你的"管理层"决策，决定哪些更改现在就要进行，哪些放到下个版本。

交付物：定量结果摘要，记录到 UX 目标表形式的"观察到的结果"列中 (用于和 UX 标的进行比较)。

原始关键事件的列表。

包含三个 UX 问题的成本重要性表，选择要在课堂或工作组中汇报的最有趣的问题 (请呈现三个表行的完整内容)。

选一个人简要汇报你的评估结果。

时间安排：鉴于领域的简单性，我们预计此练习大约需要 30 到 60 分钟。

第 27 章

UX 评估：报告结果

本章重点

- 报告不同类型的数据：
- 报告非正式总结性结果
- 报告定性结果
- 报告的受众
- 报告的内容
- 报告的机制
- 报告的语气

27.1 导言

27.1.1 当前位置

在每章的开头，都会以"当前位置"(You Are Here) 为题，介绍本章在"UX 轮" (The Wheel) 这个总体 UX 设计生命周期模板背景下的主题 (图 27.1)。本章要讨论如何报告 UX 评估结果。无论使用的是什么评估方法和数据收集技术，本章讨论的内容或多或少都适用。

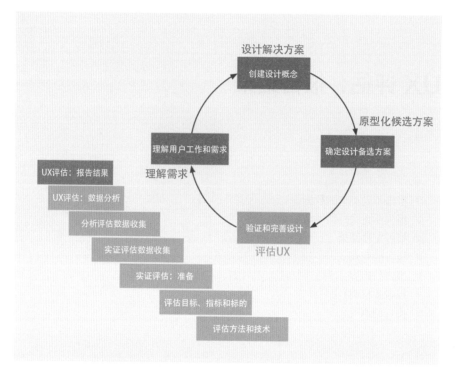

图 27.1
当前位置：在总体 UX 生命周期过程的"评估 UX"生命周期活动的"报告"细分活动。整个轮对应的是总体的生命周期过程

27.1.2　高质量沟通的重要性

评估报告通常需要跨越时间、地点和人员进行不连续性交流。"重新设计"活动通常与 "UX 评估"分开进行，而这可能会因为人类记忆的限制而导致丢失一些信息。如果负责重新设计的人不是实际进行评估的人，情况会进一步恶化。

最后，评估和重新设计可能发生在不同的物理地点，使得所有没有沟通到位的信息都无法恢复。UX 评估报告如果背景信息不足或包含不完整的 UX 问题描述，就会使没有参加过评估的设计师觉得过于模糊。

对于项目团队，迭代中生成的评估报告就是一份重新设计提议 (redesign proposal)。Hornbæk and Frøkjær(2005) 证明，需要总结和传达 UX 信息的可用性评估报告，而不能只是提供问题描述清单。

如果现在不跟进以下事宜，此前投入 UX 评估上的所有努力和成本都可能在最后一刻功亏于溃。

- 告知团队和项目管理人员当前设计中的 UX 问题。
- 说服他们有必要投入更多资源来修复这些问题。

27.1.3　参与者的匿名性

讨论细节之前，有必要提醒你，无论正在做什么样的评估或报告，都必须保持参与者的匿名性。应在知情同意书上承诺这一点，此后还有道德上的义务 (或许还有法律上的义务) 来认真加以保护。对参与者匿名性的保留尤其要延伸到评估报告中。

27.2　报告不同类型的数据

27.2.1　报告非正式总结性结果

如果在 UX 实践中收集并分析定量数据，那么永远都是一种非正式的总结性评估。如报告中提及定量 UX 数据，它永远不应与任何看起来像统计定论 (statistical claim) 的东西联系在一起。这是一个没有商量余地的职业和道德要求。

除了这个警示，由于在 UX 评估期间收集的任何定量数据仅供 UX 团队使用，所以我们只对非正式总结性结果的报告进行了有限的讨论。

如果需要说服团队修复问题，怎么办

如果没人相信你发现的问题是"真实的"，并因而不更改设计，那么进行 UX 评估还有什么好处？说服项目团队的其他人对 UX 评估所揭示的糟糕的用户体验采取行动，这可能是 UX 工程师工作的一部分。这在大型组织中尤为重要；在这些组织中，收集数据的人不一定就是做出设计变更决策的那些人 (两者甚至没有密切的工作关系)。

在你的团队评估报告中，可能想要解释为什么需要进行某些更改。但是，如果要求统计学意义上的"证据"，你将无法提供。在极端情况下，这种请求表明可能存在不幸的管理或组织问题，表明对 UX 团队能胜任工作缺乏信任。

27.2.2　报告定性结果：UX 问题

所有 UX 从业人员都应能就发现的问题写一份清晰有效的报告，但在他们的 CUE-4 研究中，Dumas, Molich, and Jeffries(2004) 发现许多人都做不到这一点。根据他们的观察，可用性专家团队的报告质量存在很大差异，并且按他们的标准来说，大多数报告都做得不到位。

非正式总结性评估
informal summative evaluation

一种定量的总结性 UX 评估方法，在统计上不严格，不会产生统计上显著的结果 (21.1.5.2 节)。

正式总结性评估
formal summative evaluation

一种正式的、统计上严格的总结性 (定量) 实证 UX 评估，可产生具有统计意义的结果 (21.1.5.1 节)。

如果使用快速评估方法进行数据收集，就分析和结果进行有效沟通尤
为重要，因为否则这种数据很容易被视为"不可靠或不足以为设计决策提
供信息"(Nayak, Mrazek, and Smith, 1995)。但即使在实证评估中，来自形
成性评估的主要数据类型也是定性的，而且原始定性数据必须巧妙地提炼
和解释，以避免留下过于牵强和过于主观的印象。

报告的通用行业格式

我们典型的 UX 实践不包括正式的总结性评估，但美国国家标准与
技术研究院 (National Institute of Standards & Technology，NIST) 最初确实
制定了报告正式总结性 UX 评估结果的通用行业格式 (Common Industry
Format，CIF)。

之后，在玛丽·西澳法诺斯 (Mary Theofanos) 和惠特尼·奎森贝利
(Whitney Quesenbery，中文版《用户体验设计：讲故事的艺术》作者之
一) 和其他人的指导下，NIST 于 2005 年组织了两次研讨会 (Theofanos,
Quesenbery, Snyder, Dayton, and Lewis, 2005)，目标就是形成性评估报告的
CIF(Quesenbery, 2005; Theofanos and Quesenbery, 2005)。

在这项工作中，他们认识到，由于可用性从业人员进行的大多数评估
都是形成性的，所以需要扩展原始 CIF 项目，以确定报告形成性结果的最
佳实践。他们得出的结论是，对内容、格式、呈现风格和详细程度的要求
在很大程度上取决于受众、业务背景和所用的评估技术。

虽然他们对"形成性测试"(formative testing) 的工作定义基于已经拥
有了代表性用户，但我们在这里使用稍微宽泛的术语"形成性评估"(formative
evaluation)，从而包括可用性检查 (usability inspection) 以及其他收集形成性
可用性和用户体验数据的方法。

27.3　报告的受众

如 Theofanos and Quesenbery(2005) 所述，对内容、格式、词汇和语气
的选择关于的是作者和观众之间的关系。关于形成性评估报告的 2005 年
UPA Workshop Report(Theofanos et al., 2005) 的作者强调了针对不同业务环
境和受众的不同报告要求。

27.3.1　向项目团队报告

1. 清晰传达 UX 问题结果

　　UX 问题详细信息报告的主要受众是你自己的项目团队，即负责解决问题的设计师和实现人员。关键目标是向同事清楚而有意义地传达结果和对产品的影响，告知他们设计中的 UX 缺陷和 / 或非正式测量的用户表现 (用户性能、用户绩效) 缺陷，目的是理解需要做什么在下次迭代中改进设计。报告通常可以简明扼要，几乎不需要什么修饰。

2. 与 UX 团队和软件开发人员会面

　　多尝试与 UX 团队和软件开发人员会面，亲自展示结果，解释要点并回答问题。

　　从基本的"样板"摘要开始，包括评估目标、方法以及 UX 标的和所用的基准任务。展示实际出了问题的屏幕截图总是有助于澄清你的观点。

　　你的受众会期望你为重新设计建议一个优先级，而成本重要性分析是你最有效的工具。假设团队精通技术，请用此表格汇总发现；不要让他们翻阅大量文本去找重点。如果开发时间很紧，而且情况不断在变，请保持报告和问题列表的简短。

成本重要性分析
cost-importance
analysis

根据优先级比率对修复 UX 评估所发现的 UX 问题的时间和精力进行优先级排序。优先级比率 (priority ratio) 是将进行更改的重要性除以成本来计算的 (26.4 节)。

27.3.2　向利益相关方解释 UX 评估

　　由于目标是说服利益相关方投入时间和成本，采取行动来解决发现的问题，所以必须让受众参与从原始数据到结论的过程和推理，这样才不会显得空口无凭。要使他们参与你的过程中，就必须解释过程。

　　这种受众需要一种与其他受众不同的报告。它更像是关于 UX 评估的一次更常规的演示中的评估报告。首先，必须建立自己的资历和信誉，使他们愿意参与。

　　向此类受众报告时，目标如下 (多少按此顺序)。

- 引起关注和欣赏。
- 讲解概念。
- 取得同意。
- 展示结果。

搞好关系。通过搞好关系并建立同理心来开始第一个目标。你想让他们意识到对可用性和良好用户体验的需求，欣赏这些东西对他们和他们的组织的价值。这基本上是就是基于业务情况进行 UX 设计的动机。

教育观众。演讲的下一个目标是进行讲解，要解释术语和概念。使他们认识到评估结果是一种积极的东西，是机会，也是改进的手段。

说服和推销 UX。你想让他们认同 UX 设计的必要性。你希望他们在总体开发过程 (以及预算和时间表) 中包含一个 UX 组件。

27.3.3　通过报告来告知和 / 或影响管理层

给管理层的报告应简短而亲切。言简意赅，切入正题。从执行摘要 (executive summary) 开始。简要解释过程、评估目标 (evaluation goal)、方法以及所用的 UX 标的 (UX target) 和基准任务。由于对方至少能部分算作 "内部" 受众，所以可分享非正式定量测试的高级方面 (例如，用户表现和满意度分数)，但只说明观察到的趋势，不要使用数字，也不要有 "定论"(claim)，而且记住不要将这个报告称为一份 "研究"(study)。

定义优先事项并将它们直接与业务目标联系。如基于业务和产品目标使用了由 UX 目标驱动的 UX 标的 (UX targets driven by UX goal)，那么会更容易。需要 "业务或测试目标与结果之间的明确联系"(Theofanos and Quesenbery, 2005; Theofanos et al., 2005)。向这些受众报告时，团队的主要目标是影响并说服他们这是过程的一部分，并且过程正在发挥作用。

通过成本重要性分析，关注能在预算所分配的工时内解决的 UX 问题，但要从大局说明自己的发现。演示实际遇到问题的屏幕截图，可能有助于让他们体会完整的评估场景。

27.3.4　向客户报告

如果团队评估的设计不是自己创建的，最好不要一开始就直截了当跟客户说系统有什么问题。这些受众首先需要了解总体的 UX 设计概念和你使用的方法，以及它们如何帮助改进产品。你必须委婉地告诉他们，他们的宝贝很丑，但可以修好。

向他们解释一下，在评估中发现 UX 问题只是专注于问题修复的过程的一部分。选择性地讲几个例子即可。客户并不想听到他们的系统设计存在的一整套问题。对于客户来说，最好用场景和屏幕截图来描述 UX 问题，用讲故事的方式，描述设计缺陷如何影响用户，以及 UX 工程过程如何发现和修复这些问题。

27.4　报告的内容

本节将介绍可以纳入 UX 评估报告的不同类型的内容。

27.4.1　单独的问题报告内容

许多研究人员和从业人员提出了各种可能对问题诊断和重新设计有用的报告内容项。我们的思路是提供设计师理解和解决问题所需的全部基本事实。当然，在这个时候，评估人员必须收集好足够的数据，以便能提供全部这些信息。需要的基本信息如下。

- 问题描述。
- 对设计中的问题原因的最佳判断。
- 对其严重程度或影响的估计。
- 建议的解决方案。

对于第一项，一定要将每个问题作为问题来描述，而不要作为解决方案。由于这些问题是用户在执行任务时遇到的，所以要在这个背景下描述它们——用户和任务，以及问题对于用户的影响。这意味着要这样说："用户不清楚下一步该做什么，因为他们没有注意到按钮。"而不要说："我们需要闪烁的红色按钮。"

第二项，对 UX 设计中的问题原因的工程判断，是 UX 问题诊断的重要部分，而且或许也是报告中最重要的部分。由于要修复的是设计中的缺陷，所以应该从 UX 问题和原则的角度，尽可能说明它违反了什么设计准则和 / 或启发 (heuristic)。

接下来是对用户影响的严重性或重要性的估计。为了让人信服，这必须有充分的理由。最后，为了帮助设计者采取行动来解决这些问题，推荐一个或多个可能的设计方案，以及每个方案的成本估算和权衡，尤其是当一个方案存在负面因素的时候。为了证明修复的必要性，为改进设计和对用户的积极影响提出令人信服的论据。

在 UX 问题报告的内容中，还有许多其他类型的信息是有用的，包括说明每个 UX 问题被遇到的次数 (由每个用户和所有用户)，以帮助传达其重要性。

27.4.2　覆盖一下需求金字塔的生态层和情感层

你所发现和报告的大部分 UX 问题都发生在交互层。但是，也应给予生态和情感层一些关注。如果生态层的设计有问题，尤其是概念设计的问题，

用户需求金字塔
pyramid of user needs

金字塔形状的一个抽象表示，底层为生态需求，中间层为交互需求，顶层为情感需求 (12.3.1 节)。

情感影响
emotional impact

用户体验的情感部分，影响用户的感受。这些情感包括快乐、愉悦、趣味、满意、美学、酷、参与和新颖，而且可能涉及更深层的情感因素，例如自我表达 (self-expression)、自我认同 (self-identity)、对世界做出了贡献以及主人翁的自豪感 (1.4.4 节)。

成本重要性分析
cost-importance
analysis

根据优先级比率对修复 UX 评估所发现的 UX 问题的时间和精力进行优先级排序。优先级比率 (priority ratios) 是将进行更改的重要性除以成本来计算的 (26.4 节)。

抽象
abstraction

剔除不相干细节，专注于基本构造，确定真正发生的事情，忽略其他一切的过程 (14.2.8.2 节)。

一定要强调这一层设计的重要性。除非设计在生态层上是成功的，否则在其他层进行的评估永远不会使它成为一个好的设计。

应进行特别讨论来报告情感影响问题，因为这些问题对于产品的改进和市场优势来说可能是最重要的，但这些问题及其解决方案也可能是最难以把握的。情感影响问题应被标记为一种不同的问题，有不同类型的解决建议。

对参与者的整体情感影响进行整体总结。以特定情节或事件为例，报告一些具体的地方 (无论正面还是负面)。如有可能，尽量与具有高情感影响评分的产品和系统进行比较以说明问题。

27.4.3   包括成本重要性数据

通常，成本重要性分析 (cost-importance analysis) 被认为是细枝末节的工程细节的一部分，超出了 UX 团队及其过程之外的人的兴趣或理解。然而，成本重要性分析，尤其是优先级的确定过程，对于那些必须解决问题和那些必须为之付出成本的人来说是有意义的。

重要性评级和支撑理由可帮助说服设计师至少修复最紧迫的问题。成本重要性表，加上对表中各项选择的讨论，将提供有力的论据。

27.5   报告的机制

27.5.1   一致性规则

报告 UX 问题时的一致性对所有受众都很重要。评估报告首先是一种交流的手段，不同的词汇、对同类问题的诊断和描述之间的差异、UX 问题描述的语言和风格以及描述的水平 (例如，有的只是泛泛而谈表面观察到的东西，有的则通过抽象让人理解到问题的本质) 都会妨碍理解。通过建立自己的结果报告标准，有助于控制 UX 问题报告在内容、结构和质量上出现太大差异。

27.5.2   报告的用词

1. 精确性和具体性

你是在和别人沟通以达成一个结果。为了让听众认同这个结果的愿景，甚至是为了理解你想要的结果，必须进行有效的沟通；也许有效沟通的第一个规则就是要精确和具体。撰写有效的报告需要付出较多的努力。

马虎的术语、模糊的指示和粗糙的说明，很可能会遭人白眼，设计师和其他从业人员也不太可能理解我们在报告中提出的问题和解决方案。如果问题报告对我们的受众产生了这种影响，通常会导致他们不相信有真正的问题。

所以，不要说一个对话框的信息文本难以理解，并建议别人把它写得更清楚，事实上应该自己尽力改写以澄清文本，并说明为什么你的版本更好。有效性的标准是收到问题报告的设计师能否做出更好的设计选择 (Dumas et al., 2004)。

2. 行话

作为 UX 专家，我们和技术学科的其他大多数人一样，有自己的一套行话。但是，作为 UX 专家，我们也必须知道，我们的 UX 问题报告就像提供给设计师看的 "错误消息"，错误消息的设计准则同样适用于我们的报告。而这些关于消息的准则之一就是避免使用专业术语或者说行话。

虽然我们也许不会在自己的 UX 设计中使用行话，但很可能会在关于 UX 的报告中使用。是的，我们的受众中应该包括 UX 专家和 UX 设计师，但你无法确定他们能在多大程度上听得懂你的专业词汇。用简单自然的语言把事情说清楚。

27.5.3　报告的语气

> 英国人太有礼貌，不诚实。荷兰人又太诚实，没有礼貌。
>
> ——荷兰人的俏皮话

在评估报告中，所有受众都应得到尊重。向客户报告时，大多数 UX 专家都懂得需要克制。但即使是对自己的团队，也应该以礼相待。

1. 尊重感受

无论评估的设计是由自己的团队还是由别人创建的，都要尊重作品。不要攻击。不要贬低。不要侮辱。目标不是要让设计师生气或怨恨，而是要让他们根据报告来采取行动并解决问题。就像几位作者所说的那样："巧妙表达你的不满。"(Dumas et al., 2004)

一些评估人员认为，设计缺陷必须用强烈的语言来陈述，以传达出某种信息。但设计师们说他们被情绪化的咆哮所侮辱，"直言不讳没有帮助，简直就是无礼。"(Dumas et al., 2004)

大多数 UX 专家确实意识到应该从待评估系统好的方面开始说起。但是，即使鼓励他们要积极一些，研究证明一些从业人员在这方面也比较沉默。(Dumas et al., 2004) 这可能是由于他们平常面对的都是项目团队，都想直接知道问题是什么，以便快速开始解决问题。

但是，即使报告主要是批评向的，也最好还是从积极的东西开始。包括关于参与者没有遇到问题的地方，他们成功完成任务的地方以及用户表示非常满意或使用愉快的地方等。一系列好消息可以让事情以非常积极的感觉开始。然后就可以话锋一转："之前干得不错，怎么才能把它变得更好？"

将有关设计缺陷的报告作为改进设计的机遇来介绍，而不是作为一种批评。一个好的方法是提醒他们，形成性评估的目标是发现问题，以便能修复它们。所以，一份包含已发现的问题的报告是这个过程成功的标志：恭喜团队；你的过程正在发挥作用！

27.5.4　报告大量定性数据

如果要就大量评估进行报告，其中涉及大量 UX 问题，就需要好好地组织一下。如果在不同类型的问题中漫无边际的跳来跳去，没有一个完整的视角，对你的听众来说就像一个大杂烩，你会失去他们，还有他们对基于评估而做出改变的支持。

一种可能的方法是使用亲和图技术 (一种自下而上的技术，旨在用一个层次结构来组织大量不同的评估数据，8.7.1 节)。我们展示了如何使用亲和图来组织工作活动数据，可在这里使用同样的技术组织要报告的所有 UX 问题数据。张贴关于每个问题的细节的笔记，并根据共同点和类别进行分组。例如，根据任务结构、功能组织或其他系统结构。

27.5.5　报告时亲自到场

不要只是写好报告并发送出去，并且希望这样就能完事。如果可能，在递交报告时，应亲自到场做个介绍。在报告时亲临现场，对实现你的目标，尤其是在影响和说服力方面可能起到的作用，是不可估量的。没有什么能比面对面的沟通更有助于设定理想的基调和期望。现场解答问题的作用是无可替代的，而且还能避免出现代价高昂的误解。如果听众分布于多个地方，最好使用视频会议或至少是电话会议。

练习 27.1：你的系统的评估报告

目标： 为你选择的系统写一份形成性 UX 评估报告。

活动： 报告你的非正式总结性评估结果，用一个表格显示用来收集数据的 UX 标的、基准任务和调查问卷等以及标的值和观察到的值。

添加关于每个 UX 标地是否满足的简短说明。

写一份完整的报告，包含在形成性 UX 评估的定性部分发现的 UX 问题的一个子集 (约 6 个)。遵循本章关于内容、语气和格式的准则，确保包括每个问题的重新设计建议。

为你之前报告的所有问题报告你的成本重要性分析结果 (包括修复决议)；如有必要，也可以报告其他问题以还原上下文。

交付物： 形成性评估报告。

时间安排： 预计 1 小时。

第 28 章

背景：UX 评估

本章重点

- 在 UX 实践中尝试进行总结性评估的危险
- 评估的可靠性
- 形成性评估结果的多种形式
- UX 指标和标的的根源
- 早期的空中客车 A330：测试中需要生态有效性的一个例子
- 确定合适的参与者数量
- 关键事件数据收集技术的根源
- 更多的情感影响数据收集技术
- Nielsen 和 Molich 最初的启发式方法
- UX 问题数据管理

28.1 本章涉及参考资料

本章包含与第 V 部分其他各章相关的参考材料。不必通读，但每一节的主题在被其他各章提到时都应该读一下。

28.2 UX 实践中尝试总结性评估有风险

28.2.1 工程与科学

> 实践中一切都很好，但理论上永远行不通。
>
> ——无名氏

有的时候，包括非正式定量指标的基于实证的实验室 UX 测试是对"有效性"的争议的来源。有时我们会听到这样的论调："因为你的非正式总结性评估不是受控测试，我们为什么不应该因为你的结果太站不住脚而不予理会？""你的非正式研究不是很好的科学。你得不出任何结论。"

总结性评估
summative evaluation

以评估、确定或比较参数（例如可用性）达到的级别为目标的一种定量评估，尤其适合评估因形成性评估而带来的用户体验改进 (21.1.5 节)。

正式总结性评估
formal summative
evaluation

一种正式的、统计上严
格的总结性 (定量) 实
证 UX 评估，可产生
具 有 统 计 意 义 的 结 果
(21.1.5.1 节)。

这些问题忽略了正式和非正式总结性评估之间的根本区别，以及它们
具有完全不同的目标和方法这一事实。这可能要部分归因于 HCI 和 UX 领
域是由来自不同背景的人组成的大熔炉。他们在心理学、人因工程、系统
工程、软件工程、市场营销和管理方面有着深厚的底蕴，他们扛着带有自
己观点和思维方式的包袱来到了 HCI 的码头。

众所周知，正式总结性评估是根据许多严格的标准来判断的，例如有
效性。但作为 HCI 工具箱中一个重要的工程工具，非正式总结性评估可能
鲜为人知，而评判这种总结性评估方法的唯一标准是工程过程中的有效性。

28.2.2   工程中发生的事就留在工程中

由于非正式总结性评估是工程 (engineering)，所以存在一些非常严格的
限制，特别是在分享非正式总结性结果方面。

可靠性，UX 评估
reliability, UX
evaluation

指 UX 方法或技术从一
个 UX 从业者到另一
个，以及同一从业者在
不同时间的可重复性
(21.2.5.2 节)。

非正式总结性评估结果仅供项目团队内部作为工程工具完成工程工作，
不应在团队外部共享。由于缺乏统计意义上的严格性，这些结果尤其不能
用于在团队内外做出任何定论 (claims)。例如，对从非正式总结性结果中获
得的 UX 等级做出定论将违反职业道德。

我们读到过一个案例，公司的高级经理从项目团队那里得到了一份 UX
报告，但由于没有统计显着性，所以对结果打了折。为避免这样的问题，
可以遵循我们简单的规则，不要将形成性评估结果分发到团队之外，或者
谨慎地为管理层写报告。

28.3   评估的可靠性

UX 评估方法的可靠性 (reliability) 与可重复性 (repeatability) 有关，它
有多一致，以至在不同评估人员和被评估的不同设计中都能找到相同结果
(要修复的 UX 问题)。

28.3.1   个体差异自然导致结果的变化

文献中包含许多关于各种 UX 评估方法的有效性和可靠性的讨论和辩
论。整个 UX 评估领域的有效性受到了质疑。我们不希望在这里复制这种
级别的讨论，但确实提供了有关这个问题的一些见解。

当 UX 评估结果的变化是由于使用了不同的评估人员时，就称为一种
" 评估者效应 " (Hertzum and Jacobsen, 2003; Vermeeren, van Kesteren, and

Bekker, 2003)。不同的人对使用和问题的看法不同，问题检出率也不同。他们天生就会在同一个设计中看到不同的 UX 问题。不同评估人员在观察同一评估会话时甚至会报告非常不同的问题。不同的 UX 团队以不同的方式解读同一份评估报告。即使是同一个人对同一系统进行连续两次评估，也可能得出不同的结果。

28.3.2　为什么变化这么大？ UX 评估很困难

在我们看来，当前方法存在局限性的最大原因是评估 UX 非常困难，尤其是在大型系统设计中。

没人有资源把所有地方都看完，并在每个可能的任务中，在每个可能的屏幕或网页上测试每个可能的特性。就是没有办法在所有这些地方找到所有 UX 问题。一个评估人员可能会在其他评估人员甚至没有看到的地方发现问题。所以，不必为每个评估人员提出不同的综合问题清单感到惊讶。

你怎么能希望找到自己的方法，更不用说对用户体验评估进行彻底的工作了？ 有很多问题和困难，有很多地方可以隐藏用户体验问题。 它让人想起一个人拿着金属探测器在大海滩上搜寻的画面。 没有机会找到所有可检测的项目。

所以，你怎么能希望在这一切中找到自己的方式，更不用说执行一次彻底的 UX 评估工作了？有这么多的问题和困难，有这么多的地方可供 UX 问题隐藏。这让人想起一个画面：带着金属探测器的人在一大片海滩上展开搜索。不可能有机会找出所有可探测的物品。

28.3.3　"打折扣" UX 评估方法

1. 什么是"打折扣" UX 评估方法

快速 UX 评估方法是一种牺牲高严格性所带来的彻底性，换取低成本和快速应用的一种方法。快速方法包括大部分分析数据收集，特别是它们不太严格的形式。由于检查技术的成本较低，所以它们被称为"打折扣"的评估技术 (Nielsen, 1989)。

2. 对打折方法的批评

快速 UX 评估方法，尤其是检查方法 (inspection method)，被诟病为"残次品"(Gray and Salzman, 1998) 或"折扣商品"(Cockton and Woolrych,

2002)。"快速"(rapid) 一词本意是正面反映低成本优势。然而，"残次"(damaged) 和"折扣"(discount) 这两个词被用来贬义地表示劣质的廉价商品，因为识别 UX 问题时效率下降且容易出错。

3. 真正的限制

不使用真实用户的检查方法的主要缺点在于，它们容易出错，并且往往低严重性问题被检出的比例较高。它们可能会遇到有效性问题，产生一些误报 (false positives，识别为 UX 问题但结果证明不是)，而且会因为漏报 (false negatives) 而遗漏一些 UX 问题。

另一个潜在的缺点是进行检查的 UX 专家可能对主题领域或系统没有深入了解。这可能导致检查效率降低，但可通过在检查组中包括一名行业专家来在一定程度上抵消。

然而，这些弱点几乎存在于所有类型的 UX 评估中，包括我们可敬的性能标杆，即严格的基于实验室的实证形成性评估 (Molich et al., 1998; Molich et al., 1999; Newman, 1998; Spool and Schroeder, 2001)。这是因为很多现象和原则都一样，工作理念也没有那么大的不同。一般来说，形成性评估不是很可靠或可重复。

4. 但不那么严格的方法真的有用吗

和大多数东西一样，这些方法的价值取决于其使用环境，它们如今最常见的用场就是敏捷用户体验实践。在这个环境中，快速评估方法是事实上的标准。

在经验丰富的评估人员手中，检查方法可以相对快速且非常有效——可以通过较低的成本处理和解决大部分 UX 问题。在合适的情况下，可以在一天内完成 UX 检查和分析，修复主要问题，并更新原型设计！

5. 要实际

越接近完美越昂贵。工程的目标是让它足够好 (good enough) 就可以了。Wixon(2003) 在讨论可用性评估方法时为从业人员发声。从应用的角度来看，他指出在这些研究中关注有效性和正确的统计分析并不能满足从业人员在商业世界的工作环境中寻找最合适的可用性评估方法和最佳实践的需求。

Wixon(2003) 希望看到更多对可用性评估方法比较标准的讨论，这些标准考虑了决定方法在实际产品开发组织中是否能够成功的因素。例如，一种方法的价值可能不在于检测到的问题的绝对数量，而更多地在于可用性

检查
inspection(UX)

一种分析评估方法，UX 专家通过观察或尝试来评估交互设计，有时会在一套抽象的设计准则的背景下进行。评估人员既是参与者的代理人 (participant surrogates)，也是观察者，他们会思考什么会对用户造成问题，并就预测的 UX 问题给出专业意见 (25.4 节)。

行业专家
subject matter expert，SME

对某一特定工作领域和该领域内的各种工作实践有深刻理解的人 (7.4.4.1 节)

评估方法是否适合组织的工作方式和开发过程。对此，我们只能说希望如此吧。

6. 有时必须付出更多才能得到更多

在人身安全至关重要的地方，我们不得不花费更多的资源在我们所有的过程活动中更加彻底，而且肯定不希望评估时出现的错误造成最终对设计的削弱。但在大多数应用中，每个错误都意味着我们错过了在设计的一个细节中提升可用性的机会。

7. 归根结底，折扣方法是大趋势

总之，虽然在学术 HCI 文献中批评为虚假经济 (false economy)，但这些所谓的"打折"方法在行业中获得了大量实践和成功。

希望。从长远看，我们必须对不那么严格的 UX 评估方法持乐观，原因如下所述。

- 迭代有助于缩小差距。
- 评估方法可获得 UX 专业知识的支持。
- 由于评估人员存在个体差异，增加评估人员确实有帮助，因为一个评估人员可能会发现其他人没有发现的问题。
- 我们正在利用我们作为 UX 从业人员的经验，而不是闭着眼睛做这个过程。

低可靠性是可以接受的。不是说在批判评估可靠性的研究中发现的事实是错的，只是放到 UX 实践的背景下，提出的结论是错误的。虽然方法的可靠性低，尤其是快速和低成本的方法；但这些方法能很好地工作就足够了。虽然我们的方法可能无法找出所有 UX 问题，但通常能找出一些好的问题。解决这些问题，下次或许还能找出其他问题。

所以不必过于担心评估的可靠性。发现并解决的每个问题都为良好的用户体验减少了一个障碍。这是一个工程过程，必须对"足够好"感到满意。

所以，我们在这里必须肯定打折扣 UX 评估方法在你的 UX 工程工具中的价值！

28.4　UX 指标和标的的根源

正式 UX 度量规范的概念以表格形式呈现，用各种指标定义操作上的成功，这最初是由 Gilb(1987) 提出的。作者吉尔伯 (Gilb) 的工作重点是在

对软件开发资源进行管理的过程中使用各种度量。Bennett(1984) 将这一方法应用于可用性规范，作为一种技术来设定计划的可用性水平，并管理过程以达到这些水平。

这些思路被 Good, Spine, Whiteside, and George(1986) 整合到可用性工程实践中，并被 Whiteside, Bennett and Holtzblatt(1988) 进一步完善。正如 Good et al.(1986) 所定义的那样，可用性工程 (usability engineering) 是一个过程，通过这一过程，量化的可用性特征在早期被指定，并在整个生命周期过程中被度量。

28.5　早期的空中客车 A330：测试中需要生态有效性的一个例子

我们亲自体验了一个现实世界中的产品例子。这个例子证明，如果在其测试中有更好的生态有效性 (你的 UX 评估环境与用户实际工作环境的匹配程度)，那么会受益匪浅。空客 A330 首次面世时，我们就乘坐这种飞机进行了一趟旅行。这种飞机刚面世 1 周 (建议：出于多方面的原因，不要成为乘坐采用新设计的飞机的首批乘客)。我们被告知，空客 A330 设计采用了以人为本的方法，对按钮、布局等娱乐系统的乘客控制装置都进行了 UX 测试。但显然，他们没有进行足够充分的现场测试。每个乘客都有一个用于看电影和其他娱乐活动的个人屏幕，这被认为比悬挂在天花板上的屏幕更具优势。每个座位的控制装置或多或少像一个电视遥控器，只是用一根"拉出"线拴住。不用时，遥控器会卡入座椅扶手上的凹进空间。是不是很酷？

LCD 屏幕有漂亮的色彩和亮度，但可接受的视角较小。如果斜着看屏幕，会失去所有亮度，而且就在画面完全消失之前，看到的画面会变成负像。但是，屏幕就立在你面前，所以没问题，对吧？是的，直到在真正开始飞行的时候，你前面的人可能将座椅向后倾倒。然后……就没有然后了。可以看出，它也影响到了其他人，因为我们看到很多人为了看清楚屏幕而低着头摆了一个尴尬的姿势。经过一段时间的疲劳后，许多人放弃了，将其关闭，向后靠以寻求安慰。这表明如果 UX 测试的时候使用了显示屏 (而且我们必须假设是这样)，那么座椅会倾倒的可能性根本没有进入他们的大脑。原因可能是因为屏幕被支撑在 UX 实验室每个参与者面前的架子上。设计人员和评估人员就是没有想到前一个用户会向后倾倒座位。在更真实的环境中进行测试，更好地模拟真实飞行的生态情况，就能发现这个主要缺陷。

事情还没完。电影开始后，大多数人都会将遥控器卡到扶手中。但是，扶手是用来做什么的？自然，是用来扶手的。手臂靠在上面休息时，很容易碰到各种各样的按钮，并对"节目"进行一些更改。这个巧妙的功能设计几乎总是让电影放映到精彩的时候消失。因为我们是同步观看电影，我们中的另一个人不得不暂停电影，而第一个人必须按许多按钮让电影画面重新出现，然后还要快进到当前位置。

你以为这样就完了？电影结束后（或者对某些观众来说，在他们被迫放弃之后），我们想小憩一会儿时，手臂又不小心碰到了遥控器。屏幕亮起，立即将我们唤醒到美妙的娱乐世界。对这种设计也无力吐槽的空乘人员在短短一周内就想出了一种创造性的解决方案。她向我们展示了如何用绳索拉出遥控器，然后将其悬挂在扶手之外。很快，这就成为了 UX 的绝对真理，飞机上几乎每个人旁边都出现了一个摇曳的遥控器，在过道中优雅地晃动，对飞机出色的 UX 设计进行集体欢送。

28.6 确定合适的参与者数量

为形成性评估进行准备的活动之一是为评估会话寻找合适的用户。在正式总结性评估中，这部分过程被称为"抽样"，但该术语在这里并不合适，因为我们所做的与它所暗示的统计关系和约束无关。

28.6.1 到底需要多少？这是一个难题

多少参与者才够？这是一些新手 UX 从业人员非常头疼的问题之一。而且这真的是一个没有明确答案的问题。另外，也不可能只有一个答案。这在很大程度上取决于你的具体情况和参数，每次进行形成性评估时，都必须自己回答这个问题。

UX 专家通过一些研究概括出了各种经验法则，例如"三五个用户，就足以找出 80% 的 UX 问题"。但是，如果你看看他们用了多少不同的假设来得出这些"法则"，以及这些假设在你的项目中是多么的少，就会意识到这是过程中最重要的关键点，必须发挥自己的头脑而不是遵循模糊的概括。

当然，成本也通常是一个限制因素。有的时候，你在一两次迭代中每次只有一两名参与者，而且必须对此感到满意，因为这是你能负担的全部。好消息是，只要有几个优秀的参与者，就能完成很多事情。和正式总结性

参与者
participant

参与者，或称用户参与者，是帮助评估 UX 设计的"可用性"和"用户体验"的用户、潜在用户或用户代理人（surrogate）。这些人在我们观察和度量时执行任务并提供反馈。由于我们希望邀请这些志愿者加入团队，帮我们评估设计（换言之，我们希望他们参与进来），所以我们使用"参与者"一词来代替"主体"（subject）(21.1.3 节)。

评估一样，不存在对大量"主体"的统计学要求；相反，目标是专注于从每个参与者那里提取尽可能多的信息。

28.6.2   经验法则比比皆是

一些真实的研究可预测出在各种情况下进行 UX 测试所需的最佳参与者人数。大多数"经验法则"都是基于经验的，但由于它们被如此广泛地引用和应用，而不考虑获得结果的约束和条件，所以这些法则已成为最民间传说的民间传说 (the most folklorish of folklore)。

Nielsen and Molich(1990) 有一篇关于找到足够多的 UX 问题所需的用户 / 参与者数量的早期论文，并发现 80% 的已知 UX 问题可通过四到五名参与者检出，而且最严重的问题通常由最初的几名参与者检出。Virzi(1990, 1992) 或多或少证实了这一项研究结果是成立的。

Nielsen and Landauer(1993) 发现，有多少参与者就能检出多少问题，这个函数最好建模为一个泊松分布，以便利用早期结果估计还余下多少问题需要发现，以及需要多少额外的参与者才能达到一个特定的问题检测率。但取决于具体情况，有些人说即使五个参与者也远远不够 (Hudson, 2001; Spool and Schroeder, 2001)，尤其是对于复杂的应用程序或大型网站。在实践中，这些数字中的每一个都已证明适用于某些情况，但问题是它们是否适合你的情况。

28.6.3   三五名用户规则的分析基础

1. 基础概率函数

图 28.1 是二项概率分布相关的图表，它们根据 Lewis(1994) 改编，展示了在给定数量的参与者和各种检出率下，可能发现的问题的累积百分比。

在这些曲线中，Y 轴上的值代表"发现的可能性"(discovery likelihood)，表示成一个可能发现的问题的累积百分比，用基于参与者或评估人员数量的一个函数来计算。这些曲线基于以下概率公式：

发现的可能性 (可能发现的问题的累积百分比) = 1 - (1 - p)n

其中，n 是参与者数量 (X 轴的值)，p 是一类特定参与者的"检出率"(detection rate)。

例如，这个公式告诉我们，五名参与者 / 评估人员 (n) 的样本量，个体检出率 (p) 至少为 0.30，就足以找出系统中约 80% 的 UX 问题。

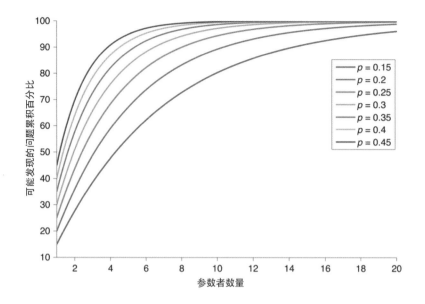

图 28.1
使用给定数量的参与者和
不同检测率时可能发现的
问题累积百分比图，改编
自 (Lewis, 1994)

2. 古老的罐中球类比

一个古老的概率问题是罐子中有多个不同颜色的球，UX 问题是其中的红球。假设参与者或评估人员伸手进去，并从罐子中抓起一大把球。这相当于一次评估会话，可能使用了单独一名专家评估人员 (如果是 UX 检查评估)，或者使用了单独一名参与者 (如果是基于实验室的实证会话)。抓到的红球数量是会话中确定的 UX 问题的数量。

如果是一次 UX 检查 (UX inspection)，是由专家评估人员或检查员发现 UX 问题。而在实证 UX 测试中，参与者是 UX 问题检测的催化剂——不一定由他 / 她自己检出问题，而是在执行任务期间遇到了关键事件，使评估人员能够识别相应的 UX 问题。由于最终效果基本相同，所以为了简化讨论，我们使用术语 "参与者" 同时表示检查员和用词参与者。而且在会话中无论是通过什么方式发现问题，都使用 "发现问题" 这一说法。

3. 参与者检出率

个体参与者的检测率 p 是该参与者在一次会话中可以找出的问题的百分比。这对应于参与者在一把球中获得的红球数量。这具体要取决于个体参与者的能力。例如，对于罐中的球，它可能与参与者手的大小有关。在 UX 领域，它与参与者的评估能力有关。

无论如何，在这个分析中，如果某个参与者的检出率是 $p = 0.20$，就意味着该参与者能发现设计中存在的 20% 的 UX 问题。个体检出率相同的参与者的数量就是 X 轴上的值。图中用绿线显示 $p = 0.20$ 的这部分人。其他曲线针对具有不同检出率的人群，从 $p = 0.15$ 到 $p = 0.45$。

大多数时候，我们甚至不知道参与者的检测率。为计算参与者的检测率，事先必须知道设计中存在多少个 UX 问题。但这正是我们试图通过评估发现的。当然，可以和参与者一起，针对已经缺陷数量的一个设计进行测试。但这只能告诉你那个参与者在那一天，针对那个系统，在那个上下文中的检出率。

不幸的是，对于一名给定的参与者来说，他 / 她的检出率并不是恒定的。

4. 待发现问题的累积百分比

Y 轴代表待发现的问题的累积百分比值。先看看只有一名参与者的情况。例如，当 $n = 1$（曲线与 Y 轴相交）时，$p = 0.20$ 的曲线的 Y 值为 20%。这与我们的预期一致，因为 $p = 0.20$ 的参与者在第一次会话中自然只能找出 20% 的问题，或获得 20% 的红球。

那么，"累积"是如何反映的呢？第二名参与者去罐子里抓球时，会发生什么取决于你是否更换了第一个参与者的球。这个分析针对的是每名参与者在每次"会话"后将所有球都返回到罐子中的情况；换言之，在两个参与者进行的评估之间，我们并没有修复任何 UX 问题。

第一名参与者发现一些问题之后，第二名参与者发现的新问题就变少了。如果独立看待两名参与者的结果，他们每个人都会帮你找到一个有点不同的 20% 的问题，但很可能会发生重叠，这减少了两者的累积效应（问题的并集）。

这就是我们在图 28.1 的曲线中看到的，随着每个新的参与者的加入（在 X 轴上向右移动）可能发现的问题的百分比并非线性增加，这是因为发现的新问题的边际数量减少了。这解释了为什么曲线会逐渐趋于平稳。最后，即使有大量参与者，也基本上没有发现更多新问题，此时的曲线将趋于平坦。

5. 边际附加检测和成本效益

从图 28.1 的曲线中注意到的另一件事情是，虽然有效检测率并非线性增加，但随着你添加越来越多的参与者，检出的问题的绝对数还是会增加的，至少一段时间内如此。最终，高检测率加上大量参与者，将产生图的右上角逐渐接近约 100% 的结果，而且后续参与者几乎找不出新问题。

但一直增加人手的话会怎样？每名新的参与者都能帮你发现更少新的

问题，但由于每名参与者的成本大致相同，所以对于后续新增的每名参与者，该过程的效率都会下降 (用相同的成本发现越来越少的新问题)。

为估算 n 名参与者的一个 UX 测试会话的成本，可设置建立会话所需的固定成本，加上一个可变成本 (或每名参与者的成本) = $a + bn$。与 n 名参与者进行 UX 测试会话的好处是发现问题的可能性 (discovery likelihood)。所以，成本收益是收益 / 成本之比，各自都是 n 的函数；或者说收益 / 成本 = $(1 - (1 - pn)/(a + bn)$。

如果针对 $n = 1, 2, ...$ 绘制此函数 (a 和 b 具有特定的值)，会看到一条曲线，它在 n 的前几个值处上升，然后开始下降。成本效益峰值附近的 n 值即为最佳参与者数量 (从成本效益的角度)。至于在 n 的什么范围内出现成本效益峰值，要取决于参数 a、b 和 p 的设置；你的情况可能有所不同。

Nielsen and Landauer(1993) 的研究表明，无论 UX 检查，还是和用户参与者进行的基于实验室的测试，取得的真实数据确实与这个数学成本收益模型匹配。他们的结果表明 (基于他们的参数)，峰值总是在 3 到 5 的 n 值处出现。这就是"三五名用户"经验法则的来历。

6. 假设并不总是适合现实世界

这个"三五名用户"的规则以其整洁的数学基础，可以而且确实适合许多与 Nielsen and Landauer(1993) 所设定的相似的情况，我们相信他们的分析为这个讨论带来了不错的见解。但与此同时，我们知道在很多情况下它并不适用。

首先，所有这些分析，包括罐中球的类比，都依赖于下面两个假设。

■ 每名参与者都有一个恒定的检出率，p。

■ 每个 UX 问题在测试中被发现的可能性都是一样的。

如 UX 问题是罐子中的球，我们的工作会更简单。但这些假设都不是真的，所以我们的 UX 工作没有那么简单。

对检出率的假设。 图 28.1 的每条曲线都是针对固定检出率的，之前给出的成本收益计算也基于固定检测率 p。但是"评估者效应"(evaluator effect) 告诉我们，不仅不同的评估人员会发现不同的问题，检出率也会因参与者不同而异 (Hertzum and Jacobsen, 2003)。

事实上，一个特定的个体甚至没有一个固定的"个体检出率"(individual detection rate)；参与者休息得好不好、血液中咖啡因和酒精的水平、态度、系统、评估人员如何指挥评估、使用的是什么基准任务、评估人员的技能等，使这个比率每天、甚至时时刻刻都在发生变化。

此外，对于测试参与者而言，$p = 0.20$ 的检出率到底意味着什么？该参与者在一次会话中需要多长时间才能实现 20% 的发现？需要多少任务？什么样的任务？如果该参与者继续执行更多任务怎么办？达到 20% 的检测后，就不会再遇到关键事件吗？

对问题可检测性的假设。图 28.1 的曲线还基于这样一个假设，即所有问题都同样可被检测到 (类似于罐子中的所有红球被抽到的概率一样)。但我们知道，有的问题几乎是显而易见的，但其他问题被发现的概率要高上几个数量级。因此，可检测性 (detectability) 或者被发现的可能性会因各种 UX 问题而存在很大的差异。

任务选择。如图 28.1 所示，一个参与者到另一个参与者检测到的问题发生了重叠，导致累积检出可能性并非随参与者的增多而线性增加，这其中的一个原因是使用了规定的任务。

执行同一个任务集的参与者会在相同的地方寻找问题，因此更有可能发现许多相同的问题。

但是，如果换成用户导向的任务 (Spool and Schroeder, 2001)，参与者会在不同地方寻找，发现的问题的重叠可能会少很多。这使更多参与者的曲线的收益部分保持线性增长，从而提高了最佳参与者人数。

应用程序系统效应。另一个会破坏"三五名用户"规则的因素是被评估的应用程序系统。有的系统比其他系统大得多。例如，相较于一个简单的办公室间调度系统，一个大型网站或庞大而复杂的字处理软件可能存在更多的 UX 问题。如每个参与者只探索此类应用程序的一小部分，则参与者之间问题的重叠可能微不足道。在这种情况下，要看到成本效益的峰值，三到五名参与者是远远不够的。

结论。你无法计算和绘制我们在这里讨论的所有理论曲线和参数，你永远不知道设计中存在多少 UX 问题，所以永远不能确定所发现的问题的占比。无论如何，不需要使用这些曲线，就直观地体会对每个新增的参与者是否仍然能检测出有用的新问题。查看每名参与者和每次迭代的结果，问自己这些结果是否值得，以及是否值得再多投入一点。

28.7 关键事件数据收集技术的根源

28.7.1 关键事件技术在人因工程中很早就有了

关键事件 (critical incident) 技术的起源至少可追溯到二战期间美国空军航空心理学计划 (Aviation Psychology Program) 所进行的研究，该计划旨在分析和分类飞行员在观看与解读飞机仪表时的错误体验。该技术首先由 Fitts and Jones(1947) 的工作正式编纂。Flanagan(1954) 综合了具有里程碑意义的关键事件技术。

28.7.2 主要作为一个变体使用

弗拉纳根 (Flanagan) 在 1954 年设计关键事件技术时，并没有将其视为单一严格的程序。他赞成修改这种技术以满足不同的需求，只要满足原始标准即可。但是，多年来发生的变化可能超出了弗拉纳根的预期。在他的关键事件技术引入的 40 年后，Shattuck and Woods(1994) 发表了一项研究成果，表明人们在使用该技术时，很少会直接使用最初发表时的版本。事实上，出现了该方法的许多变体，每个变体都适合特定的目标领域。在 HCI(人机交互) 中，我们也用自己版本的关键事件技术作为主要 UX 评估技术来识别 UX 问题及其原因，从而延续了这一"改编"传统。

28.7.3 由谁识别关键事件？

在 Fitts and Jones(1947) 的原始工作中，用户 (飞行员) 是在完成任务后报告关键事件的人。 后来，Flanagan(1954) 使用训练有素的观察员 (评估员) 在观察用户执行任务的同时收集关键事件信息。

del Galdo, Williges, Williges, and Wixon(1986) 让用户识别他们自己的关键事件，并在任务执行期间报告。该技术还被 Hartson and Castillo(1998) 作为一种自陈 (self-reporting) 机制用作远程系统或产品可用性评估的基础。此外，Dzida, Wiethoff and Arnold(1993) 以及 Koenemann-Belliveau, Carroll, Rosson, and Singley(1994) 采取的立场是，在任务执行期间识别关键事件可以是用户或评估人员的一个独立的过程，也可以是两者之间一个相互的过程。

关键事件
critical incident

在用户任务执行或其他用户交互期间发生的、表明可能存在 UX 问题的事件。关键事件识别是一种实证 UX 评估数据收集技术，它基于参与者和 / 或评估人员以关键事件的检测和分析，可以说是最重要的定性数据收集技术 (24.2.1 节)。

28.7.4　关键事件数据捕捉的时机：评估人员的意识区

虽然众所周知，用户会在 alpha 和 beta 测试 (将大致完成的软件发出去，征求对其工作情况的评价) 中报告主要的 UX 问题，但之所以不能依赖这些方法来彻底识别要修复的 UX 问题，原因之一是这种数据收集方法本质上是"回顾性" (retrospective) 的。基于实验室的 UX 评估的优势在于，可在事件发生的同时将宝贵且"易腐"的细节呈现在你面前。此类 UX 数据的关键在于细节，而这些数据的细节是"易变差"的；它们在使用过程中出现时必须立即捕获。

结论：要捕获并记录新鲜的细节。如果在它们发生时捕获，我们称之为并发数据捕获 (concurrent data capture)。如果在任务后立即捕获，我们称之为同期数据捕获 (contemporaneous data capture)。如果在任务完全结束后尝试捕获，基于有人在会话结束后的访谈或调查中记住细节，就称之为回顾性数据捕获 (retrospective data capture)，许多曾经新鲜的细节可能会丢失。

然而，在发生时立即捕获关键事件数据并没有那么容易。关键事件通常不会立即被识别出来。在图 28.2 中，评估人员对关键事件的识别必然会在它发生后的某个时间发生。从最初的意识点开始，在确认这是一个关键事件后，评估人员需要在自己的某个"意识区"中花一点时间进行思考以理解问题，而这可能要通过与参与者的讨论。

报告问题的最佳时间，即问题报告潜在具有最高质量的时间，发生在对问题理解的高峰期，如图 28.2 所示。在此之前，评估人员尚未完全理解问题。而在那个最佳点之后，由于人类记忆力的限制导致的自然抽象 (natural abstraction) 开始出现 (举个例子，就是内存容量有限，不得不对数据进行压缩)，细节程度会随时间的推移迅速下降，期间任何间插的任务的主动干扰都会加速这一过程。

alpha 和 beta 测试
alpha and beta testing
部署后 (post-deployment) 的评估方法。将产品接近完成的版本作为一个预览发送给选定的用户、专家、客户和专业评测人员，以换取他们的试用和体验反馈 (21.5.1 节)。

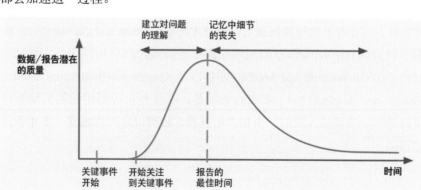

图 28.2
关键事件描述的细节和关键事件发生后的时间的关系

28.8　更多识别 UX 设计情感响应的方法

28.8.1　直接观察到的生理反应作为情感影响的指标

和自陈 (self-reporting) 技术相反，UX 从业人员是直接观察参与者在使用期间对情感影响的生理反应来获得情感影响指标数据。使用中可能充斥着用户行为，包括表明情感影响的面部表情 (如短暂的鬼脸或微笑) 和肢体语言 (如轻敲手指、坐立不安或挠头)。需要创造条件来鼓励观察期间在长时间使用活动中发生的这些瞬间。

生理反应可通过直接行为观察或仪器测量来"捕捉"。行为观察包括面部表情、手势行为和身体姿势。对使用期间发生的事件的生理反应进行任何观察或测量时，困难在于通常无法将生理反应与特定情感及其在交互中发生的原因联系起来。

面部和肢体表情的情感"诉说"可能是短暂的和潜意识的，在实时观察中很容易错过。所以，为了可靠地捕捉面部表情数据和其他类似的观察数据，从业人员通常需要对参与者的使用行为进行录像并进行逐帧分析。人们已经开发了一些解释面部表情的方法，包括一种称为面部动作编码系统 (Facial Action Coding System) 的方法 (Ekman and Friesen, 1975)。

Kim et al.(2008) 提醒我们，虽然可以测量生理反应，但很难将测量结果与特定情感和交互过程中的原因联系起来。他们的解决方案是用传统的同步录像技术补足，将测量结果与使用事件和行为事件相关联。但这种视频审查有缺点：审查过程通常非常乏味和耗时。可能需要经过培训的分析师通过逐帧分析来识别和解释这些表情。即使是经过培训的分析师，也不一定总是做出正确的决定。

幸好，对视频中的面部表情和手势的软件辅助识别逐渐变得实用。现在可以使用一些软件工具来自动实时识别和解释面部表情。Seeing Machines 发布了 faceAPI 的系统 [1]，可以用来跟踪和理解人脸。它以一个软件模块的形式提供，可将其嵌入自己的产品或应用程序。只需一个对准用户面部的普通网络摄像头，即可为 faceAPI 和任何数字视频录制程序提供视频信号源，并可实时加上时间戳和 / 或帧数。

面部表情大多与文化无关，可在不中断使用的情况下捕捉用户的表情。但是，有一些限制通常会阻止它们的使用。主要的限制是它们只适

---

[1]　http:/www.seeingmachines.com/product/faceapi/

合一组有限的基本情绪，例如愤怒或快乐。混合情绪就不怎么管用了。Dormann(2003) 认为，因此很难确定具体观察到的是什么样的情绪。

为了识别面部表情，faceAPI 必须在用户头部进行 3D 运动时捕捉到面部。头部跟踪功能输出每个视频帧的 X、Y、Z 位置和头部方向坐标。faceAPI 的面部特征检测组件则跟踪每个眉毛上的三个点和嘴唇周围的八个点。

他们的检测算法"对遮挡、快速运动、大幅摇头、光照、面部变形、肤色、胡须和眼镜具有鲁棒性"。faceAPI 的这个部分将输出实时的面部特征数据流，与视频录制时间协调，可通过一套图像处理模块来理解和解释。faceAPI 系统是商业产品，但免费版本可供符合条件的用户用于非商业用途。

28.8.2　检测情感影响生理反应的生物识别技术

具身交互
embodied interaction
以自然和显著的方式让自己的身体参与到和技术的交互中，例如通过手势 (6.2.6.3 节)。

用仪器测量参与者的生理反应，这称为生物识别技术。生物识别技术检测和测量神经系统对交互事件中情感影响的反应所触发的自主或非自主身体变化。例子包括心率、呼吸、排汗和瞳孔放大的变化。汗液的变化通过皮肤电反应检测来感知，检测的是电导率的变化。

这种神经系统的变化可能与对交互事件的情感反应相关。瞳孔扩张是一种自主表现，尤其和兴趣、投入和兴奋有关，并且已知和许多情绪状态有关 (Tullis and Albert, 2008)。

生物识别技术的缺点是需要专门的监控设备。如果能获得一些好的观测仪器，并通过训练来使用它们获得到好的观测结果，那么没有比这更"具身"的了。但是，大多数用于观测生理变化的设备对于普通的 UX 从业人来来说是遥不可及的。

例如，可调整测谎仪来检测脉搏、呼吸和皮肤电导率的变化，这些变化可能与对交互事件的情感反应相关。然而，大多数设备的操作需要医疗技术方面的技能和经验，原始数据的解释可能需要心理学方面的专门培训，这一切都超出了我们的范围。最后，面部表情和其他生理反应独立于文化的程度目前尚不完全清楚。

28.8.3　HUMAINE 项目：情感测量的生理技术

欧洲社区项目 HUMAINE(Human-Machine Interaction Network on Emotions，情感人机交互网络) 发布了一份技术报告，详细介绍了情感测量技术的分类 (Westerman, Gardner, and Sutherland, 2006)。他们指出，自 70 年代后期以来，

人因实践中就有生理 (physiological) 和心理生理 (psychophysiological) 测量的历史，例如检测由于操作员超负荷工作所引起的压力，而这种测量在心理学研究中的历史甚至更久远。

在 HUMAINE 的报告中，作者讨论了医学在生理测量中的作用，其中涉及脑电图和事件相关电位。具体地说，就是通过脑电图 (通过颅骨和头皮的传感器) 来检测大脑电活动的一种技术。事件相关的电位可以粗略地关联到涉及记忆和注意力以及精神状态变化的认知功能。

如作者所述，与自陈量表方法相比，这些生理测量具有一定的优势，因其可以连续监测，不需要有意识的用户操作，也不会中断任务执行或使用活动。但为了真正有意义，这种生理测量必须与用户活动视频上的时间戳关联。

我们大多数常规的 UX 评估方法之所以不方便采用这种方法，一个主要的缺点在于需要连接专门的传感器。人们现在开发了一些新的、侵入性较小的装置。例如，Kapoor, Picard, and Ivanov(2004) 的一篇报告说能通过连接到椅子上的压力传感器检测用户姿势的变化，例如坐立不安。

* 译注

自陈量表多以自我报告的形式出现，即对拟测量的个性特征编制好若干个自测题 (陈述句)，被试者逐项给出书面答案，而根据答案来编制评价某项个性特征，是心理测试中最常用的一种自我评定问卷方法。

28.9 Nielsen 和 Molich 原创的启发式方法

Nielsen 和 Molich 为可用性检查开发的第一组启发式方法 (Molich and Nielsen, 1990; Nielsen and Molich, 1990) 包含交互设计的 10 个 "一般准则"。这些准则之所以被他们两人称为 "启发式方法" (heuristics)，是因为它们并非严格的设计准则。下面列出《可用性工程》一书中 10 个原创的 Nielsen 和 Molich 启发式 (Nielsen, 1993, Chapter 5)：

- 简单自然的对话：
  - 良好的图形设计和色彩运用
  - 根据人类感知的格式塔规则进行屏幕布局
  - 少即是多；避免无关信息
- 说用户的语言：
  - 术语以用户为中心，而不是以系统或技术为中心。
  - 使用具有标准含义的词。
  - 来自工作领域的词汇和含义。
  - 使用映射和隐喻来支持学习。
- 最小化用户记忆负担：
  - 清晰的标注。

- 一致性：
  - 帮助避免错误，尤其对于新手。
- 反馈：
  - 错误发生时要清楚说明。
  - 显示用户进度。
- 明确标记的出口：
  - 支持从所有对话框中退出。
- 捷径：
  - 在不惩罚新手的情况下帮助专家用户。
- 好的错误信息：
  - 清晰的语言，不要显示晦涩的错误码。
  - 要精确而不要模糊或笼统。
  - 建设性地帮助解决问题。
  - 礼貌而非恐吓。
- 预防错误：
  - 在设计中许多潜在的错误情况都可避免。
  - 尽可能从列表中选取，而不是非要用户输入。
  - 提供回避模式。
- 帮助和文档：
  - 如果用户都想要看手册，表明他们通常处于十分绝望的的状态。
  - 联机帮助要具体。

启发式评估
heuristic evaluation，
HE

一种基于专家 UX 检查的分析评估方法，由一组启发 (常规的高级 UX 设计规则) 进行指导 (25.5 节)。

28.10　UX 问题数据管理

随着时间的推移，并随着你在 UX 过程生命周期中的逐渐深入，每个 UX 问题的完整生命故事都会增长，导致 UX 问题记录中的数据缓慢膨胀。每个 UX 问题记录最终将包含问题的全面信息：按问题类型和子类型进行的诊断，作为问题原因的交互设计缺陷，用于估计严重性的成本 / 重要性数据，修复 (或不修复) 问题的管理层决策，以及成本、实现所付出的努力和下游效益 (costs, implementation efforts, and downstream effectiveness)。

大多数作者都提到了 UX 问题或问题报告，但没有说明完整的问题记录可能是一个庞大而复杂的信息对象。维护此 UX 数据单元的完整记录肯定需要某种工具 (例如数据库管理系统) 的支持。作为 UX 问题记录结构和内容如何增长的一个例子，下面列出了最终可以添加到其中的一些类型的信息。下面这些是我们遇到的可能性，从中选择适合自己的。

- 问题名称。
- 问题描述。
- 任务背景 (上下文)。
- 对用户的影响 (症状)。
- 相关的设计师观点。
- 问题诊断 (设计中的问题类型和子类型以及原因)。
- 到组成 UX 问题实例的链接。
- 与其他 UX 问题的关系的链接 (例如，要固定到一起的组)。
- 到项目背景的链接。
- 项目名称。
- 版本 (version)/ 发布 (release) 编号。
- 项目人员。
- 到评估会话的链接。
- 评估会话的日期、地点等。
- 会话类型 (例如，基于实验室的测试，UX 检查，远程评估)。
- 到评估人员的链接。
- 到参与者的链接。
- 本次迭代的成本重要性属性 (参见下一节)。
- 候选解决方案。
- 估计的修复成本。
- 修复的重要性 (importance to fix)。
- 优先级比率 (priority ratio)。
- 优先级 (priority ranking)。
- 决议 (resolution)。
- 处理历史 (treatment history)。
- 使用的解决方案。
- 日期，参与重新设计和实现的人员。
- 实际修复成本。
- 结果 (例如，基于重新测试)。

有关 UX 问题数据的表示方案的更多信息，请参阅 Lavery and Cockton(1997)。

信息对象
information object

作为工作对象 (work object) 在内部存储的大断或片断 (article or piece) 信息 / 数据，它可以结构化，也可以非常简单。通常是用户操作的工作流程的核心数据实体；它们被组织、共享、标记、导航、搜索和浏览，以便进行访问和显示，修改和操作，并再次存回系统生态 (14.2.6.7 节)。